羊场疾病防控一本通

权凯 李君 主编

YANGCHANG JIBING FANGKONG YIBENTONG

中国科学技术出版社
·北 京·

图书在版编目（CIP）数据

羊场疾病防控一本通 / 权凯，李君主编 .—北京：中国科学技术出版社，2018.6

ISBN 978-7-5046-8034-1

Ⅰ. ①羊… Ⅱ. ①权… ②李… Ⅲ. ①羊病—防治 Ⅳ. ① S858.26

中国版本图书馆 CIP 数据核字（2018）第 090022 号

策划编辑	乌日娜
责任编辑	乌日娜
装帧设计	中文天地
责任校对	焦　宁
责任印制	徐　飞

出　　版	中国科学技术出版社
发　　行	中国科学技术出版社发行部
地　　址	北京市海淀区中关村南大街16号
邮　　编	100081
发行电话	010-62173865
传　　真	010-62173081
网　　址	http://www.cspbooks.com.cn

开　　本	889mm × 1194mm　1/32
字　　数	120千字
印　　张	5
版　　次	2018年6月第1版
印　　次	2018年6月第1次印刷
印　　刷	北京长宁印刷有限公司
书　　号	ISBN 978-7-5046-8034-1 / S · 721
定　　价	20.00元

本书编委会

主　编

权　凯　李　君

编著者

权　凯　李　君　赵金艳

魏红芳　哈斯·通拉嘎

Preface 前言

随着经济全球化进程的加快和进出口贸易日益频繁，我国基层兽医及防疫的基础设施和队伍力量日显薄弱，活羊跨区调运和市场准入机制不健全，疫病防治的风险日益加大。

近年来，在中央一系列政策措施支持下，动物疫病防治工作基础不断强化，法律体系基本形成。国家修订了动物防疫法，制定了兽药管理条例和重大动物疫情应急条例，出台了应急预案、防治规范和标准。

坚持“预防为主”和“加强领导、密切配合，依靠科学、依法防治，群防群控、果断处置”的方针，以促进动物疫病科学防治为主题，以转变兽医事业发展方式为主线，以维护养殖业生产安全、动物产品质量安全、公共卫生安全为出发点和落脚点，实施分病种、分区域、分阶段的动物疫病防治策略，全面提升兽医公共服务和社会化服务水平，有计划地控制、净化和消灭严重危害畜牧业生产和人民群众健康安全的动物疫病。力争到 2020 年，形成与全面建设小康社会相适应，有效保障养殖业生产安全、动物产品质量安全和公共卫生安全的动物疫病综合防治能力。基础设施和机构队伍更加健全，法律法规和科技保障体系更加完善，财政投入机制更加稳定，社会化服务水平全面提高。

笔者根据自己对肉羊疫病及防控情况的理解，编写了《羊场疾病防控一本通》一书，主要从羊的药物使用、保健与疫病监测、羊常见病的诊断和治疗等方面着手，结合规模化羊场以及羊的生理特点进行了综合介绍，供养羊企业、养羊户及相关技术人员参考。

由于笔者的水平有限，不当和错漏之处在所难免，诚望批评指正。

编 著 者

Contents 目录

第一章
概　述

羊病主要包括传染病、寄生虫病、普通内科病、营养代谢病、中毒性疾病、外科病、产科疾病等，随着规模化养羊的快速发展，羊的疾病明显增多。结合现代化规模养羊的特点，有效地控制羊病的发生，羊场的卫生防疫起着决定性的作用。

一、国家对羊场疾病防治的相关措施

（一）面临的形势

1. 羊场疫病防治基础更加坚实

近年来，在中央一系列政策措施支持下，动物疫病防治工作基础不断强化。法律体系基本形成，国家修订了动物防疫法，制定了兽药管理条例和重大动物疫情应急条例，出台了应急预案、防治规范和标准。相关制度不断完善，落实了地方政府责任制，建立了强制免疫、监测预警、应急处置、区域化管理等制度。

2. 羊场疫病流行状况更加复杂

口蹄疫、高致病性禽流感等重大动物疫病仍在部分区域呈流行态势，存在免疫带毒和免疫临床发病现象。布鲁氏菌病、包虫病等人兽共患病呈上升趋势，局部地区甚至出现暴发流行。

3. 羊场疫病防治面临挑战

基层基础设施和队伍力量薄弱，活羊跨区调运和市场准入机制不健全，疫病防治仍面临不少困难和问题。

（二）指导思想、基本原则和防治目标

1. 指导思想

坚持“预防为主”和“加强领导、密切配合，依靠科学、依法防治，群防群控、果断处置”的方针，以促进动物疫病科学防治为主题，以转变兽医事业发展方式为主线，以维护养殖业生产安全、动物产品质量安全、公共卫生安全为出发点和落脚点，实施分病种、分区域、分阶段的动物疫病防治策略，全面提升兽医公共服务和社会化服务水平，有计划地控制、净化和消灭严重危害畜牧业生产和人民群众健康安全的动物疫病。

2. 基本原则

政府主导，社会参与。立足国情，适度超前。因地制宜，分类指导。突出重点，统筹推进。

3. 防治目标

到 2020 年，形成与全面建设小康社会相适应，有效保障养殖业生产安全、动物产品质量安全和公共卫生安全的动物疫病综合防治能力。口蹄疫等 16 种优先防治的国内动物疫病达到规划设定的考核标准，羊发病率分别下降到 3%以下。基础设施和机构队伍更加健全，法律、法规和科技保障体系更加完善，财政投入机制更加稳定，社会化服务水平全面提高。

（三）总体策略

统筹安排动物疫病防治、现代畜牧业和公共卫生事业发展，积极探索有中国特色的动物疫病防治模式，着力破解制约动物疫病防治的关键性问题，建立健全长效机制，强化条件保障，实施计划防治、健康促进和风险防范策略，努力实现重点疫病从有效

控制到净化消灭。

1. 重大动物疫病和重点人兽共患病计划防治策略

有计划地控制、净化、消灭对畜牧业和公共卫生安全危害大的重点病种，推进重点病种从免疫临床发病向免疫临床无病例过渡，逐步清除动物机体和环境中存在的病原，为实现免疫无疫和非免疫无疫奠定基础。基于疫病流行的动态变化，科学选择防治技术路线。调整强制免疫和强制扑杀病种要按相关法律、法规规定执行。

2. 畜禽健康促进策略

健全种用动物健康标准，实施种畜禽场疫病净化计划，对重点疫病设定净化时限。完善养殖场所动物防疫条件审查等监管制度，提高生物安全水平。定期实施动物健康检测，推行无特定病原场（群）和生物安全隔离区评估认证。扶持规模化、标准化、集约化养殖，逐步降低畜禽散养比例，有序减少活畜禽跨区流通。引导养殖者封闭饲养，统一防疫，定期监测，严格消毒，降低动物疫病发生风险。

3. 外来动物疫病风险防范策略

强化国家边境动物防疫安全理念，加强对境外流行、尚未传入的重点动物疫病风险管理，建立国家边境动物防疫安全屏障。健全边境疫情监测制度和突发疫情应急处置机制，加强联防联控，强化技术和物资储备。完善入境动物和动物产品风险评估、检疫准入、境外预检、境外企业注册登记、可追溯管理等制度，全面加强外来动物疫病监视监测能力建设。

（四）优先防治病种和区域布局

1. 优先防治病种

根据经济社会发展水平和动物卫生状况，综合评估经济影响、公共卫生影响、疫病传播能力，以及防疫技术、经济和社会可行性等各方面因素，确定优先防治病种并适时调整。

2. 区域布局

国家对动物疫病实行区域化管理。

（1）**国家优势畜牧业产业带** 对中原、东北、西北、西南等肉羊优势区，加强口蹄疫、布鲁氏菌病等牛羊疫病防治。

（2）**人兽共患病重点流行区** 加强血吸虫病和包虫病防治。

（3）**外来动物疫病传入高风险区** 对边境地区、野生动物迁徙区以及海港空港所在地，加强外来动物疫病防范。对西藏边境地区，重点防范小反刍兽疫和H7亚型禽流感。对广西、云南边境地区，重点防范口蹄疫等疫病。

（4）**动物疫病防治优势区** 在海南岛、辽东半岛、胶东半岛等自然屏障好、畜牧业比较发达、防疫基础条件好的区域或相邻区域，建设无疫区。在大城市周边地区、标准化养殖大县（市）等规模化、标准化、集约化水平程度较高地区，推进生物安全隔离区建设。

二、规模化羊场疾病流行特点

（一）疫病种类多、危害重

据世界动物卫生组织有关资料：羊的主要疫病有54种，其中传染病35种，寄生虫病19种。在35种传染病中，病毒性传染病11种，细菌性传染病18种，其他微生物类传染病6种。

根据国内有关羊病的资料：羊的54种主要疫病中，在我国都曾经发生过，其中至少有9种属人兽共患病。

（二）疫情发生风险高

我国对口蹄疫等重大动物疫病实施强制免疫接种。通过对全国14个规模化羊场调查可知：目前我国规模化羊场口蹄疫免疫密度100%，免疫合格率基本达到国家规定的标准，但其感染抗体阳性率平均达9%以上（不排除重复免疫的影响），远高于全国牛、猪、羊平均1.65%的阳性比例，提示规模化羊场发生口蹄疫疫情的风险较高。

羊痘每年在全国范围内散发，虽然发病动物数量逐年下降，但发病次数和疫点数量呈上升趋势。

（三）人兽共患病防控形势严峻

我国自新中国成立以来非常重视人兽共患病的防控，取得了良好的效果。但近年来由于单纯追求经济效益导致对重大动物疫病重视而忽视了对人兽共患病的防控和净化，人兽共患病发病率有所上升。据统计：2010年度各种人兽共患病发病数量比2009年度上升了54.51%。

2011年上半年全国动物（牛、羊、猪）布鲁氏菌病阳性率明显上升至1.69%，其中全国羊阳性率高达2.23%，说明我国布鲁氏菌病感染率呈快速上升趋势，警示规模化羊场应进一步做好防控。弓形虫病阳性率平均为18.75%，其中规模化羊场最高阳性率均88.89%，最低5.96%，防控形势严峻。衣原体病阳性率平均为5.64%，其中羊场最高阳性率为21.94%，最低为0，应引起高度重视。

（四）病原传入和变异加剧

国外疫病流行严重，防控不力即可传入我国。口蹄疫A型和O型Mya98进入国内并造成大流行。病原在环境与机体免疫压力下，不断发生变异，出现新的变异株或血清型，导致疫病流行，甚至造成灾难性的后果。口蹄疫病毒血清型的转变和抗原基因变异，使该病防控难度增加；羊痘和羊口疮病毒基因变异，使其抗原发生漂移，毒力增加，导致免疫防治效果变差。

（五）细菌病危害加剧

集约化养殖规模的不断扩大，细菌性疾病明显增多。当前对我国养羊业危害最为严重的细菌性传染病有羊支原体肺炎（传染性胸膜肺炎）、链球菌病、梭菌病、羔羊痢疾和羊肠毒血症，其中最引人关注的是羊支原体肺炎，在饲养密集的规模化羊场发病率很高，死亡严重。

临床滥用抗生素情况严重，导致耐药菌株普遍存在，使临床治疗效果不显著，损失巨大。滥用抗生素还造成畜产品药物残留、产品质量下降、影响消费者健康。

（六）多种病原混合感染增多、疫情复杂

临床对发病动物的检测中常发现多种病原混合感染的情况，多种致病性病毒、细菌、寄生虫的混合感染已成常态，给诊断、预防和控制增加了难度，造成巨大的经济损失。

（七）疫病流行的周期和空间发生变化

口蹄疫的最早流行周期是 5～10 年 1 次，后来发展到 3～5 年 1 次，再到每年流行 1 次，目前是常年散发，发病周期和间隔时间越来越短。规模化和集约化养殖使饲养密度变大，增加了疫病发生和流行的风险。频繁的贸易流通加大了疫病传播速度与流行强度。旅游业的发展及宠物的饲养量增加，加速了羊疫病特别是人兽共患病的传播。

随着经济全球化进程的加快和进出口贸易日益频繁，外来病如小反刍兽疫、痒病、梅迪—维斯纳病、山羊关节炎—脑炎、C 型和南非 Ⅱ 型口蹄疫对我国养羊业的威胁日益加重，传入国内的风险日益加大。西藏阿里地区 2007 年、2008 年和 2010 年出现 3 次小反刍兽疫疫情，提示我们对国外来病的防控工作必须给予足够的重视。

三、规模羊场疾病防控基本原则与措施

依照“预防为主、防重于治”的原则，科学制定合理的免疫程序，并严格按照免疫程序做好免疫接种工作。通过疫苗接种，使机体产生免疫力，保证羊群不受病原微生物侵袭。同时，防止外来疾病的传入，提高羊群整体健康水平。另外，坚持自繁自养，尽量选购当地良种公羊和母羊进行繁殖，减少流通环节，降低疾病传播的概率。

（一）健康饲养

选养健康的良种公羊和母羊，自行繁殖，可以提高羊的品质和生产性能，增强对疾病的抵抗力，并可减少入场检疫的工作量，防止因引入新羊带来病原体。

肉羊舍饲后饲养密度提高，运动量减少，人工饲养管理程度提高，一些疾病会相对增多，如消化道病，呼吸道病，泌尿系统疾病，中毒性病如霉菌毒素中毒等，眼结膜炎、口疮、关节炎、乳腺炎等相对多发。因此，科学管理，精心喂养，增强羊只抗病能力是预防羊病发生的重要措施。饲料种类力求多样化并合理搭配与调制，使其营养丰富全面。同时，要重视饲料和饮水卫生，不喂发霉变质，冰冻及被农药污染的草料，不饮污水，保持羊舍清洁，干燥，注意防寒保暖及防暑降温工作。

（二）检疫制度

羊从生产到出售，要经过出入场检疫、收购检疫、运输检疫和屠宰检疫。羊场或养羊专业户引进羊时，只能从非疫区购入，经当地兽医检疫部门检疫，并签发检疫合格证明书；运抵目的地后，再经本场或专业户所在地兽医验证、检疫并隔离观察 1 个月以上，确认为健康者，经驱虫、消毒，没有注射过疫苗的还要补注疫苗，方可混群饲养。羊场采用的饲料和用具，也要从安全地区购入，以防疫病传入。

（三）免疫接种

免疫接种是激发羊体产生特异性抵抗力，使其对某种传染病从易感转化为不易感的一种手段，有组织有计划地进行免疫接种，是预防和控制羊传染病的重要措施。

首先应注意疫苗是否针对本地的疫病类型，要注意同类疫苗间型的差异，疫苗稀释后一定要摇匀，并注意剂量的准确性，使用前要注意疫苗是否在有效期内，疫苗在运输和保存过程中要低温，按照说明书采用正确方法免疫，如喷雾，口服，肌内注射等，必须按照要求进行，并且不能遗漏，在使用弱毒活菌苗时，不能同时使用抗生素，只有完全按照要求操作，才能使疫苗接种安全有效。

（四）卫生消毒

羊舍、羊圈及用具应保持清洁、干燥，每天清除粪便及污物，堆积制成肥料。饲草保持清洁干燥，不发霉腐烂，饮水要清洁，清除羊舍周围的杂物、垃圾，填平死水坑，消灭鼠、蚊、蝇。

羊舍清扫后消毒，常用消毒药有 10%～20%石灰乳和 10%漂白粉液。产房在产羔前消毒 1 次，产羔高峰时进行多次，产羔结束后再进行 1 次。在病羊舍、隔离舍的出入口处应放置浸有消毒液的麻袋片或草垫；消毒液可用 2%～4%氢氧化钠（对病毒性疾病）或 10%克辽林溶液。

地面消毒可用含 2.5%有效氯的漂白粉液、4% 甲醛溶液或 3%～5% 氢氧化钠溶液。粪便消毒最实用的方法是生物热消毒法。污水消毒将污水引入污水处理池，加入化学药品消毒。

（五）药物预防

以安全而价廉的药物加入饲料和饮水中进行的群体药物预防。常用的药物有磺胺类药物、抗生素药。

（六）定期驱虫

羊驱虫往往是成群进行，在查明寄生虫种类基础上，根据羊的发育状况、体质、季节特点用药。羊群驱虫应先搞小群试验，用新驱虫药或新驱虫法更应如此，然后再大群推行。

（七）预防中毒

野草是羊的良好天然饲料，但有些野草有毒，为了避免中毒，要调查有毒草的分布。要把饲料贮存在干燥、通风的地方，饲喂前要仔细检查，如果饲料发霉变质应不用。有些饲料本身含有有毒物质，饲喂时必须加以调制。有些饲料如马铃薯若贮藏不当，其中的有毒物质会大量增加，对羊有害。

农药和化肥要放在仓库内，专人保管，以免发生中毒。被污染的用具或容器应消毒处理后再用。其他有毒药品如灭鼠药等的运输、保管及使用也必须严格，以免羊接触发生中毒事故。喷洒过农药和施有化肥的农田排水，不应作饮用水；工厂附近排出的水或池塘内的死水，也不宜让羊饮用。

（八）疫病防治

对于传染病如羊痘、口蹄疫、羊肠毒血症、羊快疫、羊炭疽、羔羊痢、破伤风、螨病等要注意其免疫程序及驱虫时间。对于普通病防治如肠炎、腹泻、乳腺炎、肺炎、口腔炎、腐蹄病等，在诊断确诊的基础上，对症治疗。选用其敏感性药物，以提高治疗效果，并经常更换，以免发生抗药性。对特殊病例治疗主要病症消除后，应维持用药 2～3 天，以巩固疗效。

及时诊断、合理治疗。及时正确的诊断对于早期发现病畜，及早控制传染源，采取有效防疫措施，防止传染病的扩大传播有重要的意义。治疗应在严格隔离条件下进行，同时应在加强护理、增强机体本身防御能力基础上采用对症和病因疗法相结合进行。

（九）加强对有关法规的学习

《畜禽产品消毒规范》（GB/T 16569）规定了畜禽产品一般的消毒技术。《畜禽病害肉尸及其产品无害化处理规程》（GB 16548）规定了畜禽病害肉尸及其产品的销毁、化制、高温处理和化学处理的技术规范。在肉羊养殖的过程中要加强对这些法规的学习、掌握和应用，保证养羊场健康发展。

（十）发生疫病羊场的防疫措施

及时发现，快速诊断，立即上报疫情。确诊病羊，迅速隔离。如发现一类和二类传染病暴发或流行（如口蹄疫、螨病、蓝舌病、羊痘、炭疽等）应立即采取封锁等综合防疫措施。

对易感羊群进行紧急免疫接种，及时注射相关疫苗和抗血清，并加强药物治疗、饲养管理及消毒管理。提高易感羊群抗病能力。对已发病的羊只，在严格隔离的条件下，及时采取合理的治疗，争取早日康复，减少经济损失。

第二章 羊场药物的使用

羊只在必要时进行预防、治疗和诊断疾病所用的兽药必须符合《中华人民共和国兽药典》《中华人民共和国兽药规范》《兽药质量标准》和《进口兽药质量标准》的相关规定。

一、羊场用药方法

根据药物的种类、性质、使用目的及动物的饲养方式，选择适宜的用药方法。临床上一般采用以下给药方法。

（一）个体给药

1. 口服给药

口服给药简便，适合大多数药物，可发挥药物在胃肠道的作用，如肠道抗菌药、驱虫药、制酵药、泻药等，常常采用口服。常用的口服方法有灌服、饮水、混到饲料中喂服、舐服等。应在饲喂前服用的药物有苦味健胃药、收敛止泻药、胃肠解痉药、肠道抗感染药、利胆药。应空腹或半空腹服用的药物有驱虫药、盐类泻药。刺激性强的药物应在饲喂后服用。

不能用强酸、强碱、抗生素（特别是内服）或刺激性较强的药物或物质，如石炭酸、来苏儿、石油、松节油、菸袋油或辣椒油等治疗羊病，以免杀死微生物群，或污染前胃内环境。羊内服芳香开窍药，如麝香、木香、茴香等在前胃发酵过程中易随嗳气挥发，而起不到治疗作用。苦味健胃药如苦味酊、苦丁香或陈皮等是以苦味作用于胃黏膜而使其增加分泌和蠕动，由于羊前胃无分泌腺，再加上微生物的作用，待药物进入肠道中才能起微弱的作用。所以，促进消化药，不如直接用促进胃肠蠕动药有效。根据反刍兽前胃生理特点，羊容易发生瘤胃臌气。此时，如用作用较强的制酵防腐剂，有时虽能收到暂时性的疗效，但事后对前胃生态将会发生不良影响。最好的办法是当发生瘤胃臌气后，立即用胃导管放气，再臌气时可再放气，如此反复直至不再臌气为止。

2. 注射给药

注射给药优点是吸收快而完全，药效出现快。不宜口服的药物，大都可以注射给药。常用的注射方法有皮下注射、肌内注射、静脉注射、静脉滴注，此外还有气管注射、腹腔注射，以及瘤胃、直肠、子宫、阴道、乳管注入等。皮下注射将药物注入颈部或股内侧皮下疏松结缔组织中，经毛细血管吸收，一般10～15分钟即可出现药效；刺激性药物及油类药物不宜皮下注射。肌内注射将药物注入富含血管的肌肉（如臀肌）中，吸收速度比皮下快，一般经5～10分钟即可出现药效。油剂、混悬剂也可肌内注射，刺激性较大的药物，可注于肌肉深部，药量大的应分点注射。静脉注射将药物注入体表明显的静脉中，作用最快，适用于急救、注射大量或刺激性强的药物。

3. 灌 肠 法

灌肠法是将药物制成液体，直接灌入直肠内，羊可用小橡皮管灌肠。先将直肠内的粪便清除，然后在橡皮管前端涂上凡士林，插入直肠内，把橡皮管的盛药部分提高到超过羊的背部。灌肠完毕后，拔出橡皮管，用手压住肛门或拍打尾根部，以防药物排出。灌肠药液的温度，应与体温一致。

4. 胃 管 法

给羊插入胃管的方法有两种：一是经鼻腔插入；二是经口腔

插入。胃管正确插入后，即可接上漏斗灌药。药液灌完后，再灌少量清水，然后取掉漏斗，用嘴吹气，或用橡皮球打气，使胃管内残留的液体完全入胃，用拇指堵住胃管口，或折叠胃管，慢慢抽出。该法适用于灌服大量水剂及有刺激性的药液。患咽炎、咽喉炎和咳嗽严重的病羊，不可用胃管灌药。

5. 皮肤、黏膜给药

通过皮肤和黏膜吸收药物，使药物在局部或全身发挥治疗作用。常用给药方法有滴鼻、点眼、刺种、毛囊涂擦、皮肤局部涂擦、药浴、皮下埋藏等。刺激性强的药物不宜用于黏膜。

（二）群体给药

1. 混饲给药

将药物均匀混入饲料中，让羊吃料时能同时吃进药物，适用于长期投药。不溶于水或适口性差的药物用此法更为恰当。药物与饲料的混合必须均匀，并应准确掌握饲料中药物的浓度。

2. 混水给药

将药物溶解于水中，让羊自由饮用。此法适用于因病不能采食，但还能饮水的羊。采用此法须注意根据羊可能饮水的量，来计算药量与药液浓度；限制时间饮用药液，以防止药物失效或增加毒性等。

3. 气雾给药

将药物以气雾剂的形式喷出，让羊经呼吸道吸入而在呼吸道发挥局部作用，或使药物经肺泡吸收进入血液而发挥全身治疗作用。若喷雾于皮肤或黏膜表面，则可发挥保护创面、消毒、局麻、止血等局部作用。本法也可供室内空气消毒和杀虫之用。气雾吸入要求药物对羊呼吸道无刺激性，且药物应能溶于呼吸道的分泌液中。

4. 药　浴

采用药浴方法杀灭体表寄生虫，但须用药浴的设施。药浴用的药物最好是水溶性的，药浴应注意掌握好药液浓度、温度和浸洗的时间。

二、肉羊饲养兽药使用制度

严格按《中华人民共和国动物防疫法》和《无公害食品　肉羊饲养兽医防疫准则》的规定，进行动物免疫，预防疾病。必要时进行预防、治疗和诊断疾病所用的兽药必须符合《中华人民共和国兽药典》《中华人民共和国兽药规范》《兽药质量标准》和《进口兽药质量标准》的相关规定。

优先使用符合《中华人民共和国兽用生物制品质量标准》《进口兽药质量标准》的疫苗预防肉羊疾病。使用消毒药对饲养环境厩舍和器具进行消毒，并应符合《无公害食品　肉羊饲养管理准则》的规定。使用《中华人民共和国兽药典》（二部）及《中华人民共和国兽药规范》（二部）收载的用于羊的兽用中药材、中药成方制剂。使用国家畜牧兽医行政管理部门批准的微生态制剂。

所用兽药必须来自具有《兽药生产许可证》和产品批准文号的生产企业，或者具有《进口兽药许可证》的供应商。所有兽药的标签必须符合《兽药管理条例》的规定。使用的抗菌药和抗寄生虫药应严格遵守规定的作用、用途、用法与用量及其他注意事项。严格遵守规定休药期。

建立并保存免疫程序记录；建立并保存全部用药的记录，治疗用药记录包括肉羊编号、发病时间及症状、药物名称（商品名、有效成分、生产单位）、给药途径、给药剂量、疗程、治疗时间等；预防或促生长混饲用药记录包括药品名称（商品名、有效成分、生产单位及批号）、给药剂量、疗程等。

禁止使用未经国家畜牧兽医行政管理部门批准的兽药和已经淘汰的兽药；禁止使用《食品动物禁用的兽药及其他化合物清单》中的药物。

第三章

羊的保健与疫病监测

一、羊场（舍）的消毒

消毒是指运用各种方法消除或杀灭饲养环境中的各类病原体，减少病原体对环境的污染，切断疾病的传播途径，达到防止疾病发生、蔓延，进而达到控制和消灭传染病的目的。消毒主要是针对病原微生物和其他有害微生物，并不是消除或杀灭所有的微生物，只是要求把有害微生物的数量减少到无害化程度。

（一）消毒类型

1. 疫源地消毒

是指对存在或曾经存在过传染病的场所进行的消毒。场所主要指被病原微生物感染的羊群及其生存的环境，如羊群、圈舍、用具等。一般可分为随时消毒和终末消毒两种。

2. 预防性消毒

对健康或隐性感染的羊群，在没有被发现有传染病或其他疾病时，对可能受到某种病原微生物感染羊群的场所环境、用具等进行的消毒，谓之预防性消毒。对养羊场附属部门如门卫室、兽医室等的消毒属于此类型。

（二）消毒药的选择

消毒药选择对人和羊安全、无残留、不对设备造成破坏、不会在羊体内产生有害积累的消毒药。可选用的消毒药有石炭酸（酚）、美酚、双酚、次氯酸盐、有机碘混合物（碘附）、过氧乙酸、生石灰、氢氧化钠、高锰酸钾、硫酸铜、新洁尔灭、松节油、酒精和来苏儿等，聚维酮碘是最常用的消毒药。

（三）羊场消毒方法

1. 清扫与洗刷

为了避免尘土及微生物飞扬，先用水或消毒液喷洒，然后再清扫。主要清除粪便、垫料、剩余饲料、灰尘及墙壁和顶棚上的蜘蛛网、尘土等。

2. 羊舍消毒

消毒液的用量为1升/米^3，泥土地面、运动场为1.5升/米^{3}左右。消毒顺序一般从离门远处开始，以墙壁、顶棚、地面的顺序喷洒1遍，再从内向外将地面重复喷洒1次，关闭门窗2～3小时，然后打开门窗通风换气，再用清水清洗饲槽、水槽及饲养用具等。

3. 饮水消毒

羊的饮水应符合畜禽饮用水水质标准，对水槽的水应隔3～4小时更换1次，水槽和饮水器要定期消毒，为了杜绝疾病发生，有条件者可用含氯消毒药进行饮水消毒。

4. 空气消毒

一般羊舍被污染的空气中微生物数量在每立方米10个以上，当清扫、更换垫草，出栏时更多。空气消毒最简单的方法是通风，其次是利用紫外线照射或甲醛气体熏蒸杀菌。

5. 消毒池的管理

在羊场大门口应设置消毒池，长度不小于汽车轮胎的周长，

2米以上，宽度应与门的宽度相同，水深10～15厘米，内放2%～3%氢氧化钠溶液或5%来苏儿溶液。消毒液1周更换1次，北方在冬季可使用生石灰代替氢氧化钠。

6. 粪便消毒

通常有掩埋法、焚烧法及化学消毒法几种。掩埋法是将粪便与漂白粉或新鲜生石灰混合，然后深埋于地下2米左右处。对患烈性传染病家畜的粪便应进行焚烧，方法是挖1个深75厘米，长、宽75～100厘米的坑，在距坑底40～50厘米处加一层铁炉箅子，对湿粪可加一些干草，用汽油或酒精点燃。常用的粪便消毒方法是发酵消毒法。

7. 污水消毒

一般污水量小，可拌洒在粪中堆积发酵，必要时可用漂白粉按每立方米8～10克搅拌均匀消毒。

（四）注意事项

羊舍、羊圈及用具应保持清洁、干燥，每天清除粪便及污物，堆积制成肥料。饲草保持清洁干燥，不发霉腐烂，饮水要清洁，清除羊舍周围的杂物、垃圾，填平死水坑，消灭鼠、蚊、蝇。

羊舍清扫后消毒，常用消毒药有10%～20%石灰乳和10%漂白粉混悬液。产房在产羔前消毒1次，产羔高峰时进行多次，产羔结束后再进行1次。在病羊舍、隔离舍的出入口处应放置浸有消毒液的麻袋片或草垫；消毒液可用2%～4%氢氧化钠溶液（对病毒性疾病）或10%克辽林溶液。

地面消毒可用含2.5%有效氯的漂白粉混悬液、4%甲醛或10%氢氧化钠溶液。粪便消毒最实用的方法是生物热消毒法。污水消毒将污水引入污水处理池，加入化学药品消毒。

二、羊的剪毛

剪毛有手工剪毛和机械剪毛 2 种。细毛羊、半细毛羊和杂种羊，每年剪 1 次毛，粗毛羊每年剪 2 次毛。剪毛时间与当地气候和羊群膘度有关，最好在气候稳定和羊只体力恢复之后进行，一般北方地区在每年 5～6 月份进行。肉用品种羊每年剪毛 2 次或 3 次。3 月份第一次，8 月末第二次；或 3 月份、6 月份、9 月份各剪 1 次毛。

（一）方法与步骤

剪毛应从低价值羊开始。同一品种羊，按羯羊、试情羊、幼龄羊、母羊和种公羊的顺序进行。不同品种羊，按粗毛羊、杂种羊、细毛羊或半细毛羊的顺序进行。患皮肤病和外寄生虫病的羊最后剪，以免传染。剪毛前 12 小时停止放牧、饮水和喂料，以免剪毛时粪便污染羊毛和发生伤亡事故。

羊群较小时多用手工剪毛。剪毛要选择在无风的晴天，以免羊受凉感冒。剪毛时，先用绳子把羊的左侧前后肢捆住，使羊左侧卧地，剪毛人蹲在羊背后，从羊后肋向前肋直线开剪，然后按与此平行方向剪腹部及胸部的毛，再剪前后腿毛，最后剪头部毛，一直把羊的半身毛剪至背中线，再用同样的方法剪另一侧的毛。最后检查全身，剪去遗留下的羊毛（图 3–1）。

图 3–1　电动剪羊毛

（二）注意事项

一是剪刀放平，紧贴羊的皮肤剪，留茬要低而齐，若毛茬过高，也不要重复剪取；二是保持毛被完整，不要让粪土、草屑等混入毛被，以利于羊毛分级分等；三是剪毛动作要快，翻羊要轻，时间不宜拖得太久；四是尽量不要剪破皮肤，万一剪破要及时消毒、涂药或缝合。

三、羊的药浴

剪毛后的 10～15 天内，应及时组织药浴，以防螨病的发生。如间隔时间过长，则毛长长不易洗透。药浴使用的药剂有 0.05% 辛硫磷乳油、1% 敌百虫溶液、氰戊菊酯（80～200 毫克 / 千克）、溴氰菊酯（50～80 毫克 / 千克），也可用石硫合剂，其配方是生石灰 7.5 千克，硫黄粉末 12.5 千克，用水拌成糊状，加水 300 千克，边煮边搅拌，煮至浓茶色为止，沉淀后取上清液加温水 1 000 升即可。

（一）方法与步骤

药浴分池浴（图 3–2）、淋浴（图 3–3、图 3–4）和盆浴 3

图 3–2　药浴池药浴

图 3–3　药浴喷淋装置

图 3–4　自走式药浴喷淋车

种。池浴在专门建造的药浴池进行，最常见的药浴池为水泥沟形池，药液的深度以没及羊体为原则，羊出浴后在滴流台上停留10～20分钟。淋浴在特设的淋浴场进行，淋浴时把羊赶入，开动水泵喷淋，经3分钟淋透全身后关闭，将淋过的羊赶入滤液栏中，经3～5分钟后放出。

（二）注意事项

药浴前8小时给羊停止喂料，药浴前2～3小时给羊饮足水，以防止羊喝药液。药浴应选择暖和无风天气进行，以防羊受凉感冒，浴液温度保持在30℃左右。先浴健康羊，后浴病羊。药浴后 5～6 小时可转入正常饲养。第一次药浴后 8～10 天可再药浴 1 次。

四、驱　虫

（一）驱虫药物

驱虫药物可用阿维菌素或伊维菌素、丙硫咪唑，均按用量计算。丙硫咪唑或丙硫苯咪唑＋盐酸左旋咪唑。丙硫咪唑 10 毫克 / 千克体重，盐酸左旋咪唑 8 毫克 / 千克体重，一次混饲。

（二）驱虫时间和方法

在 3～10 月期间，每 1.5～2 个月拌料驱虫 1 次。羔羊在 1 月龄驱虫 1 次，隔 15 天再驱 1 次，用法、用量按各药品说明计算。

表 3–1　羊的驱虫时间和药物使用　（仅供中部地区羊场参考）

次　数	时　间	药　物	用量及备注（毫克 / 千克体重）
第一次	2 月 15 日	丙硫咪唑	10
第二次	4 月 1 日	左旋咪唑	8
第三次	5 月 15 日	丙硫咪唑	10
第四次	7 月 1 日	丙硫咪唑	10
第五次	8 月 15 日	左旋咪唑	8
第六次	10 月 1 日	丙硫咪唑	10

备注：妊娠羊另外执行。如遇到天气变化等情况，时间的前后变更控制在 1 周之内。

（三）注意事项

羊驱虫往往是成群进行，在查明寄生虫种类基础上，根据羊的发育状况、体质、季节特点用药。羊群驱虫应先搞小群试验，用新驱虫药或新驱虫法更应如此，然后再大群推行。

五、修　蹄

羊蹄壳生长较快，如不整修，易造成畸形，系部下坐，行走不便而影响采食。所以，绵羊在剪毛后和进入冬牧前宜进行修蹄。

修蹄一般在雨后进行，这时蹄质软，易修剪。修蹄时让羊坐在地上，羊背部靠在修蹄人员的两腿间，从前蹄开始，用修蹄剪或快刀将过长的蹄尖剪掉，然后将蹄底的边缘修整的和蹄底一样平齐。蹄底修到可见淡红色的血管为止，不要修剪过度。整形后的羊蹄，蹄底平整，前蹄是方圆形。变形蹄需多次修剪，逐步校正。

为了避免羊发生蹄病，平时应注意休息场所的干燥和通风，勤打扫和勤垫圈，或撒草木灰于圈内和门口，进行消毒。如发现蹄趾间、蹄底或蹄冠部皮肤红肿，跛行甚至分泌有臭味的黏液，应及时检查治疗。轻者可用 10%硫酸铜溶液或 4%甲醛溶液洗蹄 1～2 分钟，或用 2%来苏儿液洗净蹄部并涂以 5% 碘酊。

六、羊的防疫

当地畜牧兽医行政管理部门应根据《中华人民共和国动物防疫法》及其配套法规的要求，结合当地实际情况，制定疫病的免疫规划。羊饲养场根据免疫规划制定本场的免疫程序，并认真实施，注意选择适宜的疫苗和免疫方法。

（一）羔羊常用免疫程序

羔羊的免疫力主要从初乳中获得，在羔羊出生后 1 小时内，保证吃到初乳。对 15 日龄以内的羔羊，疫苗主要用于紧急免疫，一般暂不注射。羔羊常用免疫程序见表 3–2。

表 3-2　羔羊常用免疫程序

时　间	疫苗名称	剂量（只）	方　法	备　注
出生 2 小时内	破伤风抗毒素	1 毫升 / 只	肌内注射	预防破伤风
16～30 日龄	羊痘弱毒疫苗	1 头份	尾根内侧皮内注射	预防羊痘
	三联四防（梭菌病疫苗）	1 毫升 / 只	肌内注射	预防羔羊痢疾（魏氏梭菌病、黑疫）、猝殂、肠毒血症、快疫
	小反刍兽疫疫苗	1 头份	肌内注射	预防小反刍兽疫
30～45 日龄	羊传染性胸膜肺炎氢氧化铝菌苗	2 毫升 / 只	肌内注射	预防羊传染性胸膜肺炎
	口蹄疫疫苗	1 毫升 / 只	皮下注射	预防羊口蹄疫

（二）成年羊免疫程序

羊的免疫程序和免疫内容，不能照抄，照搬，而应根据各地的具体情况制定。羊接种疫苗时要详细阅读说明书，查看有效期。记录生产厂家和批号，并严防接种过程中通过针头传播疾病。

经常检查羊只的营养状况，要适时进行重点补饲，防止营养物质缺乏，对妊娠、哺乳母羊和育成羊更显重要。严禁饲喂霉变饲料、毒草和喷过农药不久的牧草。禁止羊只饮用死水或污水，以减少病原微生物和寄生虫的侵袭，羊舍要保持干燥、清洁、通风。

根据本地区常发生传染病的种类及当前疫病流行情况，制定切实可行的免疫程序。按免疫程序进行预防接种，使羊只从出生到淘汰都可获得特异性抵抗力，增强羊对疫病的抵抗力（表 3-3）。

表 3–3　成年羊免疫程序

疫苗名称	预防疫病种类	免疫剂量	注射部位
春季免疫			
三联四防灭活苗	羊快疫、羊猝殂、肠毒血症、羔羊痢疾	1 头份	皮下或肌内注射
羊痘弱毒疫苗	羊痘	1 头份	尾根内侧皮内注射
小反刍兽疫疫苗	小反刍兽疫	1 头份	肌内注射
羊传染性胸膜肺炎氢氧化铝菌苗	羊传染性胸膜肺炎	1 头份	皮下或肌内注射
羊口蹄疫苗	羊口蹄疫	1 头份	皮下注射
秋季免疫			
三联四防灭活苗	羊快疫、羊猝殂、肠毒血症、羔羊痢疾	1 头份	皮下或肌内注射
羊传染性胸膜肺炎氢氧化铝菌苗	羊传染性胸膜肺炎	1 头份	皮下或肌内注射
羊口蹄疫苗	羊口蹄疫	1 头份	皮下注射

注：1. 本免疫程序供生产中参考；2. 每种疫苗的具体使用以生产厂家提供的说明书为准。

（三）注意事项

要了解被预防羊群的年龄、妊娠、泌乳及健康状况，体弱或原来就生病的羊预防注射后可能会引起各种反应，应说明清楚，或暂时不打预防针。

对 15 日龄以内的羔羊，除紧急免疫外，一般暂不注射。

预防注射前，对疫苗有效期、批号及厂家应注意记录，以便备查。

对预防接种的针头，应做到一只一换。

七、羊的检疫和疫病控制

羊从出生到出栏，要经过出入场检疫、收购检疫、运输检疫和屠宰检疫。羊场或养羊专业户引进羊时，只能从非疫区购入，经当地兽医检疫部门检疫，并签发检疫合格证明书；运抵目的地后，再经本场或专业户所在地兽医验证、检疫并隔离观察1个月以上，确认为健康者，经驱虫、消毒，没有注射过疫苗的还要补注疫苗，方可混群饲养。羊场采用的饲料和用具，也要从安全地区购入，以防疫病传入。

（一）疫病监测

当地畜牧兽医行政管理部门必须依照《中华人民共和国动物防疫法》及其配套法规的要求，结合当地实际情况，制定疫病监测方案，由当地动物防疫监督机构实施，养羊场应积极予以配合。

养羊场常规监测的疾病至少应包括：口蹄疫、羊痘、蓝舌病、炭疽、布鲁氏菌病。同时，需注意监测外来病的传入，如螨病、小反刍兽疫、梅迪－维斯纳病、山羊关节炎－脑炎等。除上述疫病外，还应根据当地实际情况，选择其他一些必要的疫病进行监测。

根据实际情况由当地动物防疫监督机构定期或不定期对羊饲养场进行必要的疫病监督抽查，并将抽查结果报告当地畜牧兽医行政管理部门，必要时还应反馈给附近羊场。

（二）发生疫病羊场的防疫措施

及时发现，快速诊断，立即上报疫情。确诊病羊，迅速隔离。如发现一类和二类传染病暴发或流行（如口蹄疫、螨病、蓝舌病、羊痘、炭疽等）应立即采取封锁等综合防疫措施。

对易感羊群进行紧急免疫接种，及时注射相关疫苗和抗血清，并加强药物治疗、饲养管理及消毒管理。提高易感羊群抗病能力。对已发病的羊只，在严格隔离的条件下，及时采取合理的治疗，争取早日康复，减少经济损失。

对污染的圈、舍、运动场及病羊接触的物品和用具都要进行彻底的消毒和焚烧处理。对传染病的病死羊和淘汰羊严格按照传染病羊尸体的卫生消毒方法，进行焚烧后深埋。

（三）疫病控制和扑灭

立即封锁现场，驻场兽医应及时进行诊断，并尽快向当地动物防疫监督机构报告疫情。

确诊发生口蹄疫、小反刍兽疫时，养羊场应配合当地动物防疫监督机构，对羊群实施严格的隔离、扑灭措施。

发生螨病时，除了对羊群实施严格的隔离、扑杀措施外，还需追踪调查病羊的亲代和子代。

发生蓝舌病时，应扑杀病羊；如只是血清学反应呈现抗体阳性，并不表现临床症状时，需采取清群和净化措施。

发生炭疽时，应焚毁病羊，并对可能的污染点彻底消毒。

发生羊痘、布鲁氏菌病、梅迪－维斯纳病、山羊关节炎－脑炎等疫病时，应对羊群实施清群和净化措施。

全场进行彻底的清洗消毒，病死或淘汰羊的尸体按 GB16548 进行无害化处理。

（四）防疫记录

每群羊都应有相关的生产记录，其内容包括：羊只来源，饲料消耗情况，发病率、死亡率及发病死亡原因，无害化处理情况，实验室检查及其结果，用药及免疫接种情况，消毒情况，羊只发运目的地等。所有记录应妥善保存。所有记录应在清群后保存 2 年以上。建立羊卡，做到一羊一卡一号，记录羊只的编号、出生日期、外貌、生产性能、免疫、检疫、病历等原始资料（表3–4）。

表 3–4　羊防疫档案记录表

羊基本情况

羊　号		羊场编号		登记日期	
品　种		来　源		出生日期	
毛　色		初生重（千克）		外　貌	

免疫记录

日　期	疫苗名称	接种剂量（毫克、毫升）	接种方法	接种人员

消毒记录

日　期	消毒对象	消毒药	剂量（毫克、毫升）	消毒方法	消毒人员

疫病监测记录

日　期	小反刍兽疫	口蹄疫	羊　痘	羊口疮	羊传染性胸膜肺炎	其　他

羊病史记录

发病日期	病　名	预后情况	实验室检查	原因分析	使用兽药

无害化处理记录

处理日期	处理对象	处理数量（只）	处理原因	处理方法	处理人员

第四章

羊病诊断技术

规模化羊场必须坚持“预防为主”的方针，应加强饲养管理，搞好环境卫生，做好防疫、检疫工作，坚持定期驱虫、预防中毒等综合性防治措施。但是，对常见羊病及时、准确的诊断和防治也是保证规模化羊场健康养殖的前提。尤其是规模化羊场，一定要对羊易感染的各种传染性疾病和寄生虫病做好诊断和治疗。

一、羊的健康检查

（一）羊的生理常数

羊正常体温为38～39.5℃，羔羊高出约0.5℃，剧烈运动或经暴晒的病羊，须休息半小时后再测温。

健康羊脉搏数70～80次/分钟。

健康羊呼吸频率为12～20次/分钟，一般都是胸腹式呼吸，胸壁和腹壁的运动都比较明显，呈节律性运动，吸气后紧接呼气，经短暂间歇，又行下一次呼吸。

在正常情况下羊用上唇摄取食物，靠唇舌吮吸把水吸进口内来饮水（表4–1）。

正常时羊瘤胃左侧肷窝稍凹陷，瘤胃收缩次数每2分钟2～

4次，听诊瘤胃蠕动音类似沙沙声，在肷窝隆起时最强，以后逐渐减弱（表4–2）。

羊粪呈小而干的球样。羊排尿时，都取一定姿势。

表4–1　羊的体温、呼吸、脉搏（心跳）数值

年　龄	性　别	体温（℃）		呼吸（次/分钟）		脉搏（次/分钟）	
		范　围	平　均	范　围	平　均	范　围	平　均
3～12月龄	公	38.4～39.5	38.9	17～22	19	88～127	110
	母	38.1～39.4	38.7	17～24	21	76～123	100
1岁以上	公	38.1～38.8	38.6	14～17	16	62～88	78
	母	38.1～39.6	38.6	14～25	20	74～116	94

表4–2　羊的反刍情况和瘤胃蠕动次数

年　龄	每个食团咀嚼次数		每个食团反刍时间（秒）		反刍间歇时间（秒）		瘤胃蠕动次数（5分钟）	
	范　围	平　均	范　围	平　均	范　围	平　均	范　围	平　均
4～12月龄	54～100	81	33～58	44	4～8	6	9～12	11
1岁以上	69～100	76	34～70	47	5～9	6	8～14	11

（二）羊临床检查指标

1. 体　温

（1）**发热**　体温高于正常范围，并伴有各种症状的称为发热。

（2）**微热**　体温升高0.5～1℃称为微热。

（3）**中热**　体温升高1～2℃称为中热。

（4）**高热**　体温升高2～3℃称为高热。

（5）**过高热**　体温升高3℃以上称为过高热。

（6）**稽留热**　体温高热持续3天以上，上、下午温差1℃以内，称为稽留热，见于纤维素性肺炎。

（7）**弛张热** 体温日差在1℃以上而不降至常温的，称弛张热，见于支气管肺炎、败血症等。

（8）**间歇热** 体温有热期与无热期交替出现，称为间歇热，见于血孢子虫病、锥虫病。

（9）**无规律发热** 发热的时间不定，变动也无规律，而且体温的温差有时相差不大，有时出现巨大波动，见于渗出性肺炎等。

（10）**体温过低** 体温在常温以下，见于生产瘫痪、休克、虚脱、极度衰弱和濒死期等。

2. 脉 搏

羊利用股动脉检脉。检查时，通常用右手的食指、中指及无名指先找到动脉管后，用三指轻压动脉管，以感觉动脉搏动，计算1分钟的脉搏数（健康羊脉搏数70～80次/分钟）。发热性疾病、各种肺脏疾病、严重心脏病及贫血等均能引起脉搏数增多。

3. 呼 吸

（1）**呼吸数增多** 临床上常见能引起脉搏数增多的疾病，多能引起呼吸数增多。另外，呼吸疼痛性疾病（胸膜炎、肋骨骨折、创伤性网胃炎、腹膜炎等）也可致使呼吸数增多。呼吸数减少，见于脑积液、生产瘫痪和气管狭窄等。

（2）**呼吸运动** 在病理状态下可出现胸式呼吸（吸气时胸壁运动比较明显）或腹式呼吸（吸气时腹壁的运动比较明显）。吸气后紧接呼气，经短暂间歇，又行下一次呼吸。一般吸气短而呼气略长，有时因兴奋、恐惧和剧烈运动等而发生改变；如呼吸运动长时间变化，则是病理状态。临床上常见的呼吸节律变化有潮式呼吸、间歇呼吸、深长呼吸3种。

（3）**呼吸困难**

①吸气性呼吸困难 吸气用力，时间延长，鼻孔开张，头颈伸直，肘向外展，肋骨上举，肛门内陷，并常听到类似哨声样的狭窄音，主要是气息通过上呼吸道发生障碍的结果，见于鼻腔、喉、气管狭窄的疾病和咽淋巴结肿胀等。

②呼气性呼吸困难　呼气用力，时间延长，背部拱起，肷窝变平，腹部容积变小，肛门突出，呈明显的二段呼气，于肋骨和软肋骨的结合处形成一条喘沟，呼气越困难喘沟越明显。是肺内空气排出发生障碍的结果，见于细支气管炎和慢性肺气肿等。

③混合性呼吸困难　吸气和呼气都困难，而且呼吸加快。由于肺呼吸面积减少，或肺呼吸受限制，肺内气体交换障碍，致使血中二氧化碳蓄积和缺氧而引起，见于肺炎、胸膜炎等疾病。心源性、中毒性等呼吸困难也属于混合性呼吸困难。

4. 采食和饮水

（1）采食障碍　表现为采食方法异常，唇、齿和舌的动作不协调，难把食物纳入口内，或刚纳入口内，未经咀嚼即脱出。见于唇、舌、牙、颌骨的疾病及各种脑病，如慢性脑水肿、脑炎、破伤风、面神经麻痹等。

（2）咀嚼障碍　表现为咀嚼无力或咀嚼疼痛。常于咀嚼突然张口，上、下颌不能充分闭合，致使咀嚼不全的食物掉出口外。见于佝偻病、骨软症、放线菌病等。此外，由于咀嚼的齿、颊、口黏膜、下颌骨和咬肌等的疾病，咀嚼时引起疼痛而出现咀嚼障碍。神经障碍，也可出现咀嚼困难或完全不能咀嚼。

（3）吞咽障碍　吞咽时或吞咽稍后，羊只摇头伸颈、咳嗽，由鼻孔逆出混有食物的唾液和饮水，见于咽喉炎、食管阻塞及食管炎。

（4）饮水　在生理情况下饮水多少与气候、运动和饲料的含水量有关。在病理状态下，饮欲可发生变化，出现饮欲增加或饮欲减退。饮欲增加见于热性病、腹泻、大出汗及渗出性胸膜炎的渗出期；饮欲减退见于伴有昏迷的脑病及某些胃肠病。

5. 瘤　胃

肷窝深陷，见于饥饿和长期腹泻等。瘤胃臌胀时，上部腹壁紧张而有弹性，用力强压也难以感知瘤胃内容物性状。前胃弛缓时，内容物柔软。瘤胃积食时，感觉内容物坚实。胃黏膜有炎症时，触诊有疼痛反应。瘤胃收缩无力、次数减少、收缩持续时间短促，表示其蠕动功能减退，见于前胃弛缓、创伤性网胃炎、热性病以及其他全身性疾病。听诊瘤胃蠕动音加强，表示瘤胃收缩增强。蠕动音减弱或消失，表示前胃弛缓或瘤胃积食等。

6. 排　粪

粪便稀软甚至水样，表明肠消化功能障碍、蠕动加强，见于肠炎等。粪便硬固或粪球干小表明肠管蠕动功能减退，或肠肌弛缓，水分大量被吸收，见于便秘初期。褐色或黑色粪表明前部肠管出血，粪便表面附有鲜红色血液表明后部肠管出血。由于黄疸素减少，粪便酸臭、腐败臭、腥臭时表明肠内容物强烈发酵和腐败，见于胃肠炎、消化不良等。腐败中混有虫体见于胃肠道寄生虫病。

7. 排　尿

（1）**尿失禁**　羊未取排尿姿势，而经常不自主地排出少量尿液为尿失禁，见于腰荐部脊髓损伤和膀胱括约肌麻痹。

（2）**尿淋沥**　尿液不断呈点滴状排出时，称为尿淋沥，是由于排尿功能异常亢进和尿路疼痛刺激而引起，见于急性膀胱炎和尿道炎等。

（3）**排尿带痛**　羊只排尿时表现痛苦不安、努责、呻吟、回顾腹部和摇尾等。排尿后仍长时间保持排尿姿势。排尿疼痛见于膀胱炎、尿道炎和尿路结石等。

二、羊临床检查方法

（一）群体检查

活动、休息和采食饮水 3 种情况的检查，是对大群羊进行临床检查的三大环节；眼看、耳听、手摸、检温是对大群羊进行临床检查的主要方法。使用“看、听、摸、检”的方法经过“动、

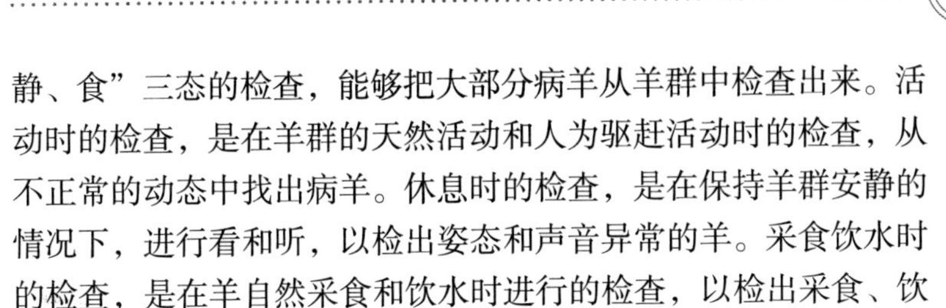

静、食”三态的检查，能够把大部分病羊从羊群中检查出来。活动时的检查，是在羊群的天然活动和人为驱赶活动时的检查，从不正常的动态中找出病羊。休息时的检查，是在保持羊群安静的情况下，进行看和听，以检出姿态和声音异常的羊。采食饮水时的检查，是在羊自然采食和饮水时进行的检查，以检出采食、饮水有异常表现的羊。

活动时的检查首先查看羊的精神外貌和姿态步样。健康羊精神活泼，步态平稳，不离群，不落伍。而病羊多精神不振，沉郁或兴奋不安，步态踉跄，跛行，前肢软弱跪地或后肢麻痹，有时突然倒地发生痉挛等。应将其挑出进行个体检查。其次，留意查看羊的天然孔及分泌物。健康羊鼻镜湿润，鼻孔、眼及嘴角干净；病羊则表现鼻镜干燥，鼻孔流出分泌物，有时鼻孔周围污染脏土杂物，眼角附着脓性分泌物，嘴角流出唾液，应将其剔出复检。

休息时的检查，首先有次序地并尽可能地逐只查看羊的站立和躺卧姿态，健康羊吃饱后多合群卧地休息，时而进行反刍，当有人接近时经常起身离去。病羊常独自呆立一侧，肌肉震颤及痉挛，或离群单卧，长时间不见其反刍，有人接近也不动。其次，要留意羊的天然孔、分泌物及呼吸情况等。再次，必须留意被毛情况，如果发现被毛有脱落之处，无毛部位有痘疹或痂皮时，以及听到有羊发出磨牙、咳嗽或喷嚏声时，均应剔出来检查。

采食饮水时的检查是在放牧、饲喂或饮水时对羊的食欲及采食饮水情况进行查看。健康羊在放牧时多走在前头，边走边吃草，饲喂时也多抢着吃；饮水时，多迅速奔向饮水处，争先喝水。病羊吃草时，多落在后边，时吃时停，或离群停立不吃草；饮水时减少、不喝或暴饮，应予剔出复检。

（二）个体检查

1. 问　诊

了解羊群和病羊的生活史与患病史，着重了解以下 3 个方面。一是患羊发病时间和病后主要表现，附近其他羊只有无类似疾病发生；二是饲养管理情况，主要了解饲料种类和饲喂量；三是治疗经过，了解用药种类和效果。

2. 视　诊

视诊是用眼睛或借助器械观察病羊的各种异常现象，是识别各种疾病不可缺少的方法，特别对大羊群中发现病羊更为重要。视诊时，先观察全貌，如精神、营养、姿势等。然后再由前向后查看，即从头部、颈部、胸部、腹部、臀部及四肢等处，注意观察体表有无创伤、肿胀等现象。最后让病羊运动，观察步行状态。

3. 触　诊

触诊是利用手的感觉进行检查的一种方法。根据病变的深浅和触诊的目的可分为浅部触诊和深部触诊。浅部触诊的方法是检查者的手放在被检部位上轻轻滑动触摸，可以了解被检部位的温度、湿度和疼痛等；深部触诊是用不同的力量对病羊进行按压，以了解病变的性质。

4. 叩　诊

叩诊就是叩打动物体表某部，使之振动发生声音，按其声音的性质以推断被叩组织、器官有无病理改变的一种诊断方法。羊常用指叩诊。根据被叩组织是否含有气体，以及含气量的多少，可出现清音、浊音、半浊音和鼓音。

5. 听　诊

直接用耳听取音响的，称为直接听诊，主要用于听取病羊的呻吟、喘息、咳嗽、喷嚏、嗳气、磨牙及高朗的肠音等。用听诊器进行听诊的称为间接听诊，主要用于心、肺及胃肠检查。

6. 嗅　诊

嗅诊就是借嗅觉器官闻病羊的排泄物、分泌物、呼出气、口腔气味及深入羊舍了解卫生状况，检查饲料是否霉败等的一种方法。

三、羊病的诊断

尽早识别病羊，不仅能有效控制疾病的传播，而且能尽早采取相应的治疗方法，减少因疾病带来的损失。

（一）羊病的诊断

1. 看 体 态

健康羊膘满肉肥，体格强壮，病羊则体弱。患慢性病和寄生虫病的羊都显得比较瘦弱，疾病后期往往皮包骨。急性病的初期不会出现消瘦，只是精神明显不好。

2. 看 皮 毛

健康羊被毛发亮、整洁、富有弹性。如果羊毛粗乱无光、蓬乱易断，皮肤松弛不洁则是慢性病羊常有的表现，特别是内、外寄生虫病感染的时候，情况更为严重。

3. 看 行 动

健康羊不论采食或休息，常聚集在一起，休息时多呈半侧卧势，人一接近即行起立；病羊食欲、反刍减少，常常离群卧地，出现各种异常姿势。健康羊眼睛明亮有神，洁净湿润，听觉灵敏，胆小又灵活；发病羊则精神萎靡，眼睛无神，头低耳垂，变得比较迟钝。健康羊只发出洪亮而有节奏的叫声；病羊叫声高低常有变化，甚至不用听诊器就可听见呼吸声及咳嗽声、肠音；病羊表现不愿抬头，听力、视力减弱，行走缓慢，重者离群掉队。羊中毒时常常是低头呆立，感染寄生虫的病羊则显得懒散而疲倦。

4. 看 鼻 液

健康羊没有鼻液，但鼻镜湿润，光滑，常有微细的水珠。若发现稀薄、黏性或脓性鼻液，鼻镜干燥，不光滑，表面粗糙，则是羊只患病的征兆。

5. 看 饮 食

健康羊采草时争先恐后，抢着吃头排草。吃草减少常发生于患病初期，食欲废绝多见于重病，尤其是胃肠方面的疾病，大量饮水常出现在严重腹泻的前期。

6. 看 反 刍

羊正常的反刍轻快有力，时间和次数都有规律，这是健康羊的重要标志。一般羊在采食30～50分钟后，经过休息便可进行第一次反刍，每次反刍持续30～60分钟，24小时内反刍4～8次。但在发生胃肠病或传染病时，反刍次数减少，缓慢甚至停止。

7. 看 黏 膜

健康羊黏膜是淡红色的。若黏膜苍白色，可能是患贫血、营养不良或感染了寄生虫；而结膜潮红是发炎和患某些急性传染病的症状；结膜发绀呈暗紫色多为病情严重。健康羊口腔黏膜为淡红色，用手摸感到暖手，无恶臭味。病羊口腔时冷时热，黏膜淡白或潮红干涩、流涎，有恶臭味。健康羊的舌头呈粉红色且有光泽、转动灵活、舌苔正常。病羊舌头活动不灵、软绵无力、舌苔薄而色淡或苔厚而粗糙无光。

8. 看 粪 便

健康羊的粪呈椭圆形粒状，成堆或呈现链条状排出，粪球表面光滑、较硬，补喂精饲料的良种羊呈较软的团块状，无异味。便秘时粪粒又干又小；腹泻时常为墨绿色；病羊如患寄生虫病多出现软便，颜色异常，呈褐色或浅褐色，异臭。肾脏和膀胱等器官发病时，常有排尿困难、尿液浑浊或带血，有时带有刺鼻的异味。健康羊尿液清亮无色或微带黄色，排尿次数和姿势有规律；病羊粪尿不正常，粪便或稀或硬，甚至停止，尿液色黄或带血。

9. 测 体 温

体温是羊健康与否的晴雨表，羊的体温可用体温计在肛门测定，正常体温为39.5～40.5℃。如发现羊精神失常，可用手触摸角的基部或皮肤，无病的羊两角尖凉，角根温和。贫血时体温降

到正常以下；急性热性病时，羊只体温升高，而体温突然下降常是濒死的前兆。

10. 测 呼 吸

待羊只安静后，将耳朵贴在羊胸部肺区，可清晰地听到肺脏的呼吸音。健康羊每分钟呼吸 12～20 次，能听到间隔匀称、带“嘶嘶”声的肺呼吸音。病羊则出现“呼噜、呼噜”节奏不齐的拉风箱似的肺泡音，呼吸次数在急性病发热时增加，中毒时常减少。

（二）羊病的快速诊断

1. 流　产

流产主要症状见表 4–3。

表 4–3　流产的主要症状

疾病类别	疾病名称	主要症状
传染病	布鲁氏菌病	绵羊流产达 30%～40%，其中有 7%～15%的死胎；流产前 2～3 天，精神萎靡，食欲消失，喜卧，常由阴门排出黏液或带血的黏性分泌物；山羊敏感性更高，常于妊娠后期发生流产，新感染的羊群流产率可高达 50%～60%
	沙门氏菌病	发生于产前 6 周，病羊精神沉郁，食欲减退，体温 40.5～41.6℃，有时腹泻；第一年损失约 10%，严重者可高达 40%～50%
	胎儿弯杆菌病	发生于产前 4～6 周，发病羊可达 50%～60%
	李氏杆菌病	有神经症状，昏迷，有时转圈，流产发生于妊娠 3 个月以后，流产率达 15%
	口蹄疫	口腔、蹄部有水疱，母羊常发生流产
	威尔塞斯布朗病	妊娠母羊发热流产，娩出死羔，死羔率占 5%～20%
	地方流行性流产	绵羊流产及早产最常发生于第二胎，多为死胎；山羊流产 80%发生于第 1～2 胎，通常只流产 1 次

续表 4–3

疾病类别	疾病名称	主要症状
传染病	土拉杆菌病	体温高达 40.5～41℃，母羊发生流产和死胎
	衣原体病	以发热、流产、死产和产出弱羔为特征；流产常发生于妊娠中、后期。羊群中首次发生时流产率可达 20%～30%，流产前数日食欲减少，精神不振；流产后常发生胎衣不下
	绵羊传染性阴道炎	体温增高达 41.7℃，常引起流产
	裂谷热	体温升高，血尿、黄疸、厌食；妊娠母羊流产有时为绵羊患病的唯一特征
	支原体性肺炎	除主要表现肺炎症状外，妊娠母羊可发生流产
	Q 热	流产损失为 10%～15%，病羊发生肺炎和眼病
	内罗毕绵羊病	体温升高持续 7～9 天，母羊常发生流产
	边界病	有神经症状，表现抖毛；母羊最明显的症状是流产，常娩出瘦弱胎儿或干尸化胎儿
寄生虫病	弓形虫病	流产可发生于妊娠后半期的任何时候，但多见于产前 1 个月内，损失不超过 10%
	住肉孢子虫病	发热、贫血、淋巴结肿大、腹泻，有时跛行，共济失调，后肢瘫痪；妊娠母羊可以发生流产，部分胎儿死亡
	蜱传热	体温升高到 40～42℃，约有 30%妊娠母羊流产
	蜱性脓毒血症	体温升高到 40～41.5℃，持续 9～10 天，可引起母羊流产和公羊不育
普通病	中毒病	许多中毒都可引起流产，常常呈群发性
	灌药错误	发生于用药后 1～2 天
	妊娠毒血症	发生于产前 1～2 周
	维生素 A 缺乏	母羊发生流产、死胎、弱胎及胎衣不下
	安哥拉山羊流产	应激性流产发生于妊娠 90～120 天，胎羔常为活产，习惯性流产的胎儿水肿，死亡

2. 死胎和羔羊死亡

死胎和羔羊死亡主要症状见表 4–4。

表 4–4 死胎和羔羊死亡的主要症状

疾病类别	疾病名称	主要症状
传染病	败血症和恶性水肿	主要发生于剪号（打耳标）以后；病羊体温升高。剖检见心壁、肾脏和其他器官出血，通常可见到剪号（打耳标）伤或脐部受感染；大腿内侧上部发黑，组织肿胀，含有血色液体和气体
	肠毒血症	抽搐、昏迷、髓样肾；肠子脆弱，含有乳脂样内容物
	黑　疫	见于有肝片吸虫的地区，剖检见肝脏内有坏死组织，皮肤发黑，心包液增多
	黑腿病	本病于恶性水肿相似，但当切开肌肉时，可见肌组织有时较干
	破伤风	主要发生于羔羊剪号（打耳标）后
	口　疮	有并发症时可引起死亡，特征是唇部、鼻镜及小腿上有黑痂
	脐　病	脐部发炎，可引起败血症和关节跛行
	羔羊痢疾	下痢带血
	钩端螺旋体病	产死羔，受感染的羊可达到 3 月龄，有血尿、黄疸、贫血，体温升高
	梭菌性感染	包括肠毒血症、黑疫、黑腿病、痢疾，也包括其他梭菌感染
	布鲁氏菌病	产死羔或弱羔，流产，弱羔常因冻饿而死
	胎儿弧菌感染	流产出死羔或将死的羔羊
	李氏杆菌感染	流产出死羔或将死的羔羊，有转圈症状
	弓形虫病（Ⅱ型流产）	流产出死羔或将死的羔羊，在子叶绒毛的末端有白色针尖状的坏死灶
	链球菌性子宫感染	流产出死羔或将死的羔羊，体温升高，阴门有排出物
	坏死性肝炎	持续性腹泻；肝肿大，且有许多坏死区
寄生虫病	绿头苍蝇侵袭	主要发生于剪号（打耳标）之后犬、狐狸、乌鸦叼啄之后
	球虫病	排血粪，剖检可见肠道发炎

续表 4–4

疾病类别	疾病名称	主要症状
普通病	肺　炎	体温升高，痛苦的咳嗽，呼吸困难，喘息
	饲喂紊乱	母羊患乳腺炎或其他疾病，以致羔羊不能吃奶，会导致死亡
	关节炎	主要发生于剪号（打耳标）之后，有时也见于剪号（打耳标）之前
	麻　痹	羔羊剪号（打耳标）之后，1～2 周，也可发生于断尾或去势之后，都是由于脊柱内形成脓肿
	酚噻嗪中毒	妊娠最后 2 周给母羊灌药，可导致产生死羔（未足月或足月）
	碘缺乏和甲状腺肿	有时甲状腺肿大
	地方性共济失调	步态蹒跚、麻痹，以致死亡
	分娩时受到损伤	大的健康羔羊可因分娩时受到损伤，而使肝、脾、肺破裂或发生窒息
	产羔过程中冻饿、天气不好或发生急症	均可导致羔羊死亡

3. 突然死亡（先兆症状很少或者没有）

羊突然死亡的主要症状见表 4–5。

表 4–5　突然死亡的主要症状

疾病类别	疾病名称	主要症状
传染病	羊快疫	病羊痛苦、臌气、昏迷而死亡，第四胃发炎或坏死，肾和脾变软而呈髓样，腹腔有较多渗出液
	羊肠毒血症	主要危害青年羊，受染羊数多，见于饲料丰富或吃多汁饲料的时期，可死于痉挛（主要为羔羊）或昏迷（主要为成年羊），肾脏肿大或呈髓样肾；小肠几乎是空的，内容是奶酪样，肠壁容易破裂；心包液增多，心肌出血；体温不升高
	黑　疫	发生于有肝片吸虫的地区，在体况良好的青年羊最为典型。在肝脏上有小面积的灰色坏死区

续表 4–5

疾病类别	疾病名称	主要症状
传染病	炭　疽	通常一发生即死亡。尸体膨胀，口、鼻及肛门流出血液。禁止打开尸体，如果已错误地做了剖检，可发现脾肿大而柔软，在身体各部分有许多出血点，胃、肠严重发炎，大多数发生在夏季
	公羊肿头病	肝脏显示新近的肝片吸虫感染；剥皮以后，可见皮肤内面呈深红色或黑色（因为充血）；病羊死前无挣扎，心包有积液，主要见于公羊；组织内有黄色液体，体温高；通常发生于牴架之后；先是眼皮肿胀，以后由头、颈下部延至胸下
	沙门氏菌感染	肝脏充血，肠系膜淋巴结肿大，脾脏肿大；有不同程度的胃肠炎；呈流行性；有些病羊可缠绵2～3天
	破伤风	主要见于羔羊，常发生在剪号或剪毛后；特点是肌肉僵硬和牙关紧闭，接着发生强直性痉挛，常常臌气而迅速死亡
	急性水肿和黑腿病	感染部位的周围肿胀、发黑，最常见于剪毛、药浴或剪号以后；可能发生臌气，鼻子有泡沫；有时生殖道排出黑色而有不良气味的液体
	类鼻疽	很少；摇摆、侧卧，眼、鼻有分泌物，肺脏有绿色脓肿，鼻黏膜有溃疡；关节有感染，转圈，迟钝而死亡
	羔羊痢疾	血痢，迅速死亡
	败血症	与不同微生物引起的恶性水肿相似；全身性出血，特别是淋巴结和肾脏
寄生虫病	急性片形吸虫病	患羊贫血（结膜苍白），肝脏肿大发黑；肝内有肝片形吸虫造成的出血通道，腹腔有大量血色液体
	严重的寄生虫感染	显著贫血，第四胃有大量捻转胃虫（常在肥胖的情况下可因贫血而死亡）。一般见于羔羊及青年羊；如果是在湿热季节，在严重感染的牧场上可因为突然严重感染而贫血至死亡
普通病	臌气病	腹围胀大，特别是左侧更为明显；见于大量饲喂青草的情况下

续表 4–5

疾病类别	疾病名称	主要症状
普通病	急性肺炎	流鼻液、咳嗽，急性者突然死亡，但常常是延迟数日而死亡
	低钙血症	主要发生于产羔母羊，见于吃青草的情况下；大多为突然发病，跌倒、挣扎、麻痹、昏迷而死；家庭饲养（饲养不良）或者用含有较多草酸的植物饲喂均可促发本病的发生；有的突然死亡，有的可能延迟数日死亡；注射钙剂可以挽救
	草地抽搐	与低钙血症相似，但更易兴奋，单独用钙无效，需加用镁
	植物中毒	吃了产生氢氰酸的植物或含有硝酸钠的植物。主要症状是口流泡沫，臌气，呼出气中带有杏仁气味，死前黏膜发红或发绀；刺激性植物可引起胃肠炎；其他杂草可引起蹒跚、痉挛、疯狂和昏迷
	中　毒	砷中毒较常见，主要见于腐蹄病的浸浴，特征是胃肠炎，腹泻
	全身性中毒	其症状依化学性质而不同：刺激剂会引起胃肠炎，士的宁会引起抽搐等
	蛇咬伤	主要见于奇蹄动物，羊发生很少；特征是昏迷、死亡
	毒血性黄疸（急性）	皮肤及内脏器官黄染，步态蹒跚，迅速消瘦，尿呈褐色或红色；尸体发黄，肝呈橘黄色，肾脏呈黑色
	卡车运输死亡	肥羊在用卡车运输时，常于卸下时发生死亡；特征是麻痹，后肢跨向后外方，取爬卧姿势；乃由于低血钙所致
	结　石	主要见于阉羊，有时发生于种公羊，病羊由精神沉郁到死亡；剖检可发现结石
	鸦啄病	发生于眼窝，一般见于产羔之后
	热射病	毛厚的羊，如果在日光暴晒之下或密闭拥挤的羊舍内，均容易发生

4. 延迟数日死亡

延迟数日死亡的主要症状见表 4–6。

表 4–6　延迟数日死亡的主要症状

疾病类别	疾病名称	主要症状
传染病	恶性水肿	有些病例可延迟数日才死亡，在绵羊常常可延迟数日，伤口周围的皮肤和皮下组织发炎
	黑腿病和败血症	主要发生于剪毛、药浴、剪号或其他手术之后，也可见于注射抗肠毒血症疫苗之后；特征是从阴门排出黑色分泌物，体温升高
	沙门氏菌病	有些病例可延迟数日死亡，病羊体温升高，胃肠道充血，腹泻
	肠毒血症	慢性型，精神沉郁，腹泻，食欲减少，一般均发生死亡，死后 1 天左右呈髓样肾
	羊快疫	有些病例可延迟 1～2 天
	公羊肿头病	2 天多死亡，肿胀组织内含有清朗的黄色液体，但在败血症病例则含有血色液体
	破伤风	大部分数日死亡，病羊痉挛、僵直、臌气、死亡
	口　疮	发生于羔羊，病羊鼻子、面部、小腿有痂；可能继发细菌性感染，有并发病者常引起死亡
	肉毒中毒	有吃腐肉或其他陈旧有机物质的病史，病羊体温降低，发生迟缓性麻痹
	李氏杆菌性感染	较少见，病羊转圈、呆钝、死亡；有些病例发生流产和繁殖障碍
寄生虫病	寄生虫感染	大部分不会死亡，如果死亡可延迟一些时间，病羊贫血或腹泻，剖检可发现有寄生虫
	绿头苍蝇侵袭	由于蝇蛆造成的严重发炎和损害，继发性的蝇蛆能够深入组织，引起严重发炎，且可引起毒血症或败血症而死亡
普通病	肺　炎	流鼻液、咳嗽、气喘，体温升高；症状因原因而异，大部分经过一些时日死亡，因灌药造成的肺炎（肺坏疽），症状严重而迅速死亡

续表 4–6

疾病类别	疾病名称	主要症状
普通病	妊娠中毒症	体温不升高，发病慢，有时表现迟钝，瞎眼、麻痹，剖检可发现有脂肪肝，常怀双羔
	亚急性中毒性黄疸	特别多见于发病的后期
	低钙血症	也可以延长数日才死亡
	植物中毒	许多病例表现其特有症状，延迟数日而死
	四氯化碳中毒	有灌服四氯化碳史，病羊精神沉郁，昏迷而死亡
	龟头炎	见于阉羊，包皮鞘周围有局部炎症，病羊精神沉郁、不安、昏迷以后死亡
	光敏感	有吃光敏感植物史，表现瘙痒，无毛部分肿胀

5. 腹　泻

腹泻的主要症状见表 4–7。

表 4–7　下痢的主要症状

疾病类别	疾病名称	主要症状
传染病	肠毒血症	腹泻时间很短，一般在羔羊死亡很突然，成年羊病程慢可延长，剖检见髓样肾，心包积液，肠脆弱
	沙门氏菌病	肠道发炎，肝脏充血，肺炎，心肌出血
	副结核病	有断续性腹泻，有时大肠黏膜增厚而皱缩
	败血症	心肌、肾脏和其他部位出血，腹泻被认为是继发性症状
寄生虫病	黑痢虫病（毛圆线虫病）	剖检见小肠内有寄生虫
	球虫病	侵袭 4 周至 6 个月的小羊，肠壁上有黄色大头针样的结节，小肠有绒毛肉头瘤
普通病	青草饲喂	长期吃干草之后突然给予多汁饲料可以引起腹泻
	饲养紊乱	大量饲喂饼渣或不适当的干日粮，常常发生腹泻

续表 4–7

疾病类别	疾病名称	主要症状
普通病	中　毒	许多中毒都可发生腹泻，如砷、磷、所有刺激性毒物，某些植物性毒物
	矿物质不足和不平衡	铜不足，钴不足和其他矿物质不平衡均可发生腹泻，它们的特征都是贫血和步态蹒跚
	羔羊发育不良	主要表现为消瘦，流鼻液和有不同的消耗性继发症

6. 流鼻液和（或）咳嗽

流鼻液和（或）咳嗽的主要症状见表 4–8。

表 4–8　流鼻液和（或）咳嗽的主要症状

疾病类别	疾病名称	主要症状
传染病	放线菌感染	放线菌病可以产生鼻腔病灶，有时发生流鼻液现象
	类鼻疽	鼻黏膜溃烂；肺炎，不同器官发生脓肿
寄生虫病	肺寄生虫	死后剖检可发现肺丝虫
	鼻蝇蚴病	鼻腔内有鼻蝇幼虫，且有地区性病史
普通病	肺　炎	有 14 种类型；其共同特点是咳嗽，体温高，精神沉郁，食欲废绝，且有羊群病史
	灌药错误造成的	灌药技术不良可造成化脓性肺炎以及咽、喉和头部的损伤
	植物损伤	部分植物能够引起肺炎和流鼻液
	羊栏内灰尘太大	可引起鼻阻塞
	营养不良	羔羊或幼羊的流鼻液为营养不良的症状之一
	鼻半塞	容易见到，常成群发生，主要是流鼻液，没有全身症状

7. 惊　厥

惊厥的主要症状见表 4–9。

表 4–9　惊厥的主要症状

疾病类别	疾病名称	主要症状
传染病	肠毒血症	羔羊在死亡以前发生惊厥，死后肠脆薄，有髓样肾变化，心包积液
	破伤风	步态蹒跚，痉挛，全身僵直，头向后仰，腿直伸，蹄向外，发生于剪号、去势、剪毛之后
普通病	士的宁中毒	痉挛以至死亡
	牧草强直	共济失调，麻痹，注射镁制剂及矿物质有效
	植物蹒跚	不少植物能够引起打战，步态蹒跚和惊厥
	转圈病	转圈，神经紊乱，最后惊厥和昏迷
	生产瘫痪	有时步态蹒跚，出现惊厥现象
	酮血症	可能与生产瘫痪或牧草强直相混淆，但酮试验为阳性
	发生中毒	当前许多复杂的中毒，如有机磷化合物及其他不少药品中毒，都能够影响神经系统

8. 黄　疸

黄疸的主要症状见表 4–10。

表 4–10　黄疸的主要症状

疾病类别	疾病名称	主要症状
传染病	钩端螺旋体病	流产、产出死羔、血尿、黄疸
	黄大头病	除了发黄以外，敏感和皮肤，有地区性史——饲喂过致病的植物
	毒血症黄疸	皮肤和黏膜发黄，尿色黄，突然死亡或渐进性消瘦，肾脏发紫
	铜中毒	补铜过量，由于吃了含铜多的植物而使肝脏受损，用硫酸铜做蹄浴，为了消灭螺、绦虫而用大量硫酸铜
普通病	光敏感	除了黄疸外，皮肤脱落和坏死
	面部湿疹	放牧在青葱的草场上，有地区史，面部和乳房有湿疹
	肝　炎	有造成肝功能受损的原因等肝中毒（磷、四氯化碳等）
	亚硝酸盐中毒	血液、皮肤及黏膜均带褐色

9. 头部肿胀

头部肿胀的主要症状见表 4-11。

表 4-11　头部肿胀的主要症状

疾病类别	疾病名称	主要症状
传染病	公羊肿头病	通常发生于牴架或受伤以后，伤口局部含有黄色或血液渗出液，衰竭、突然死亡
	放线杆菌病及放线枝菌病	头面部有多数肿块，或者下颌或面部的骨头肿大
	黑腿病恶性水肿及其他局部败血性感染	均可产生炎性肿胀
	干酪样淋巴结炎	颌下或耳朵附近的淋巴结肿大
	口　疮	鼻镜和面部有黄色至黑色结痂，主要感染羔羊
寄生虫病	蝇蛆侵袭症	蜂窝织炎被蝇蛆侵袭引起肿胀，其特征是体温升高、衰竭、羊毛被分泌物浸湿
	水肿性肿胀	发生于颌下，形成所谓“水葫芦”，一般是由于严重的寄生虫感染所引起，有时是因为营养不良引起的虚弱
普通病	大头病	头部皮肤及黏膜黄染，头部组织有水肿性肿胀，通常与光过敏的其他症状并发
	光过敏	耳部及鼻镜皮肤发红，接着发生水肿，有炎性渗出物，甚至组织脱离；羊只找寻阴凉处，在对酚噻嗪、光过敏的情况下会发生角膜炎
	灌药性损伤	由于用自动注射器或药枪粗鲁地灌药所引起，特别是用硫酸铜、砷制剂或烟碱的情况下，因为有黄色炎性渗出液而发生大面积的肿胀，可以看到口腔的创伤
	鸦啄症	鸦啄之后，可引起眼窝的败血性感染
	肿　瘤	可以发生于头部或身体的任何部分，最常见于耳朵上
	草籽脓肿	为含有脓汁的肿胀，切开时可以看到排出物中含有草籽
	变态反应	由于植物、食物或昆虫刺蜇引起的斑块状肿胀或生面团样肿胀

10. 身体其他部分肿胀

身体其他部分肿胀的主要症状见表 4–12。

表 4–12　身体其他部分肿胀的主要症状

疾病类别	疾病名称	主要症状
传染病	干酪样淋巴结炎	受害的淋巴结肿大；切开肿大的淋巴结，其中含有典型的绿黄色豆渣样脓块
	局部感染	可发生肿胀
普通病	恶性肿瘤	可发生于身体的任何部分
	脓　肿	由于草籽或其他原因所引起，肿胀处含有脓
	腹肌破裂	肿胀位于腹部下面或后腿前方，若使羊仰卧并用手按压，肿胀即消失
	腹部臌气和扩张	特别表现在腹部左侧

11. 跛　行

跛行的主要症状见表 4–13。

表 4–13　跛行的主要症状

疾病类别	疾病名称	主要症状
传染病	腐蹄病	蹄壳下方有灰色坏死组织块，以后蹄壳脱落，在羊群中有流行
	关节炎（化脓性和非化脓性）	主要发生于羔羊剪号之后，有时见于断尾之后；也曾见于剪毛的药浴之后的成年羊
	口　疮	小腿和蹄壳上有黑痂
	类鼻疽	很少见，特征是步态蹒跚，眼、鼻有分泌物，关节肿胀，有时发生关节炎而引起跛行
寄生虫病	类圆线虫病	小腿和膝关节的皮肤发炎和肿胀，表现提腿或跳舞或跛行
	痒螨病、毛虱仔虫病	蹄冠周围发红，局部有咬伤，有时溃疡和跛行
	蝇侵袭症	腿上腐烂常会引起跛行

续表 4-13

疾病类别	疾病名称	主要症状
普通病	蹄脓肿	仅一肢发生急性跛行，趾间有绿黄色脓汁，甚至可涉及深层组织，向上可以高达膝部
	蹄叶炎	有吃大量新谷粒史或有严重热性病史，病羊急性跛行，大多数严重病例蹄壳脱落
	草籽脓肿	引起步态僵硬或跛行
	药浴后的跛行	用不含杀菌药的液体药浴以后，容易见到跛行
	三叶草烧伤	由于蹄壳太长，污秽的腐败物质超过趾关节以上
	跛行、损伤及骨折	均能引起跛行

12. 皮肤发黑

皮肤发黑的主要症状见表 4-14。

表 4-14　皮肤发黑的主要症状

疾病类别	疾病名称	主要症状
传染病	黑　疫	发生于肝片吸虫地区，突然死亡，皮肤发黑（有青灰色区域）心包积液
	肠毒血症	主要危害优秀的羔羊，有时可见腹部和腿内侧的皮肤发黑，肠空虚，肠壁脆弱，心包积液
	恶性水肿和黑腿病	突然死亡，受感染的局部发黑
	乳腺炎	病程较长时，可见乳房发黑，并延伸到腹部
普通病	撞伤或跌伤	撞跌部位发黑

第五章
羔羊常见病防治技术

羔羊脐带一般是在出生后的第二天开始干燥，6 天左右脱落，脐带干燥脱落的早晚与断脐的方法、气温及通风有关。由于这一时期羔羊身体各方面的功能尚不完善，对外界适应能力差，抗病力低，如果饲养与护理不当，很容易得病。做好初生羔羊疾病的诊疗工作，有着重大的意义。

一、初生羔羊假死

初生羔羊假死也称新生羔羊窒息，其主要特征是刚产出的羔羊发生呼吸障碍，或无呼吸而仅有心跳，如抢救不及时，往往死亡。

【病　因】

分娩时产出期拖延或胎儿排出受阻，胎盘水肿，胎囊破裂过晚，倒生时脐带受到压迫，脐带缠绕，子宫痉挛性收缩等，均可引起胎盘血液循环减弱或停止，使胎儿过早地呼吸，吸入羊水而发生窒息。此外，母羊发生贫血及大出血，使胎儿缺氧和二氧化碳量增高，也可导致本病的发生。

对接产工作组织不当，严寒的夜间分娩时，因无人照料，使羔羊受冻太久；难产时脐带受到压迫，或胎儿在产道内停留时间过长，有时是因为倒生，助产不及时，使脐带受到压迫，造成循

环障碍；母羊有病，血内氧气不足，二氧化碳积聚多，刺激胎儿过早地发生呼吸反射，以致将羊水吸入呼吸道。

【症　状】

羔羊横卧不动，闭眼，舌外垂，口色发紫，呼吸微弱甚至完全停止；口腔和鼻腔积有黏液或羊水；听诊肺部有湿性啰音、体温下降。严重时全身松软，反射消失，只是心脏有微弱跳动。

【预　防】

及时进行接产，对初生羔羊精心护理。分娩过程中，如遇到胎儿在产道内停留较久，应及时进行助产，拉出胎儿。如果母羊有病，在分娩时应迅速助产，避免延误而发生窒息。

【治　疗】

如果羔羊尚未完全窒息，还有微弱呼吸时，应即刻提着后腿，将羔羊吊起来，轻拍胸、腹部，刺激呼吸反射，同时促进排出口腔、鼻腔和气管内的黏液和羊水，并用净布擦干羊体，然后将羔羊泡在温水中，使头部外露。稍停留之后，取出羔羊，用干布片迅速摩擦身体，然后用毡片或棉布包住全身，使口张开，用软布包舌，每隔数秒钟，把舌头向外拉动 1 次，使其恢复呼吸动作。待羔羊复活以后，放在温暖处进行人工哺乳。

若已不见呼吸，必须在除去鼻孔及口腔内的黏液及羊水之后，施行人工呼吸。同时，注射尼可刹米、洛贝林或樟脑水 0.5 毫升。也可以将羔羊放入 37℃左右的温水中，让头部外露，用少量温水反复洒向心脏区，然后取出，用干布摩擦全身。

二、胎粪停滞

胎粪是胎儿胃肠道分泌的黏液、脱落的上皮细胞、胆汁及吞咽的羊水经消化作用后，残余的废物积聚在肠道内所形成的。新生羔羊通常在生后数小时内就排出胎粪。如在出生后 1 天不排出胎粪，或吮乳后新形成的粪便黏稠不易排出，新生羔

羊便秘或胎粪停滞，此病主要发生在早期的初生羔羊，常见于绵羊羔。

【病　因】

如母羊营养不良，引起初乳分泌不足，初乳品质不佳，或羔羊吃不上初乳；新生羔羊孱弱，加上吮乳不足或吃不上初乳，则肠道弛缓无力，胎粪不能排出，即可发生胎粪停滞。

【症　状】

羔羊出生后 1 天内未排出胎粪，精神逐渐不振，吃奶次数减少，肠音减弱，且表现不安，即拱背、摇尾、努责，有时还有踢腹、卧地并回顾等轻度腹痛症状。有时症状不明显；偶尔有时腹痛明显，卧地、前肢抱头打滚。有时羔羊排粪时大声鸣叫；有时出于黏稠粪块堵塞肛门，可继发肠臌气。以后，精神沉郁，不吮乳。呼吸及心跳加快，肠音消失。全身无力，经常卧地乃至卧地不起，羔羊渐陷于自体中毒状态。

【诊　断】

为了确诊，可在手指上涂油，进行直肠检查。便秘多发生在直肠和小结肠后部，在直肠内可摸到硬固的黄褐色的粪块。

【预　防】

妊娠后半期要加强母羊的饲养管理，补喂富有蛋白质、维生素及矿物质的饲料，使羔羊出生后吃到足够的初乳。要随时观察羔羊表现及排便情况，以便早期发现，及时治疗。

【治　疗】

采用润滑肠道和促进肠道蠕动的方法，不宜给以轻泻剂，以免引起顽固性腹泻。必要时，可用手术排出粪块。

先用温肥皂水 300～500 毫升，及橡皮球进行浅部灌肠，排出肛门近处的粪块，一般效果良好。必要时也可在 2～3 小时后再灌肠 1 次，也可用橡皮管插入直肠内 20～30 厘米后灌注开塞露 5 毫升，或液体石蜡 40～60 毫升。用橡皮球及肥皂水灌肠一般效果良好。

可口服液状石蜡 5～15 毫升，或硫酸钠 2～5 克，并同时灌肠酚酞 0.1～0.2 克，效果很好。投药后，按摩和热敷腹部可增强肠道蠕动。

也可施行剖腹术，排出粪块，在左侧腹壁或脐部后上方腹白线一侧选择术部，切口长约 10 厘米。切开腹壁后，伸手入腹腔，将小结肠后部及直肠内的粪块逐个或分段挤压至直肠后部，然后再设法将它们排出肛门外，最后缝合腹壁。

如果羔羊有自体中毒现象，必须及时采取补液、强心、解毒及抗感染等治疗措施。

三、羔羊痢疾

羔羊痢疾是初生羔羊的一种急性传染病。其特征是持续下痢，以羔羊腹泻为主要特征的急性传染病，主要危害 7 日龄以内的羔羊，死亡率很高。其病原一类是厌气性羔羊痢疾，病原体为产气荚膜梭菌，另一类是非厌气性羔羊痢疾，病原体为大肠杆菌。

【病　因】

引起羔羊痢疾的病原微生物主要为大肠杆菌、沙门氏菌、魏氏梭菌、肠球菌等。这些病原微生物可混合感染或单独感染而使羔羊发病。传染途径主要通过消化道，但也可经脐带或伤口传染。本病的发生和流行与妊娠母羊营养不良，羔羊护理不当，产羔季节天气突变，羊舍阴冷潮湿有很大关系。

【症　状】

自然感染潜伏期为 1～2 天。病羔体温微升或正常，精神不振，行动不活泼，被毛粗乱，孤立在羊舍一边，低头拱背，不想吃奶，眼睑肿胀，呼吸、脉搏增快，不久则发生持续性腹泻，粪便恶臭，开始为糊状，后变为水样，含有气泡、黏液和血液。粪便颜色不一，有黄、绿、黄绿、灰白等色。到病的后期，常因虚弱、脱水、酸中毒而造成死亡。病程一般2～3天。也有的病羔腹胀、排少量稀粪，而主要表现神经症状，四肢瘫软，卧地不起，呼吸急促，口流白沫，头向后仰，体温下降，最后昏迷死亡。剖检主要病变在消化道，肠黏膜有卡他出血性炎症，内有血样内容物，肠肿胀，小肠溃疡（图5–1）。

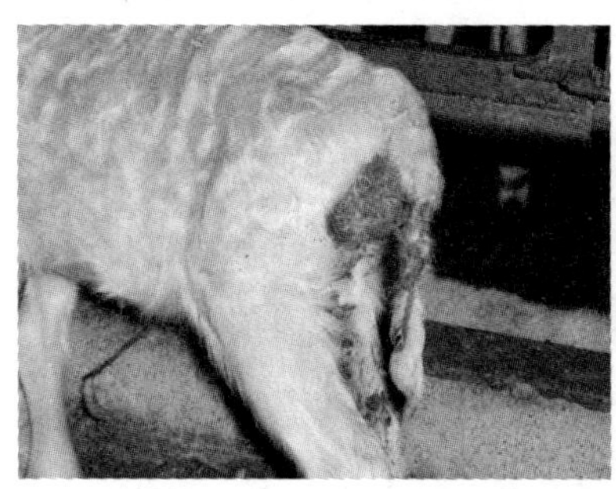
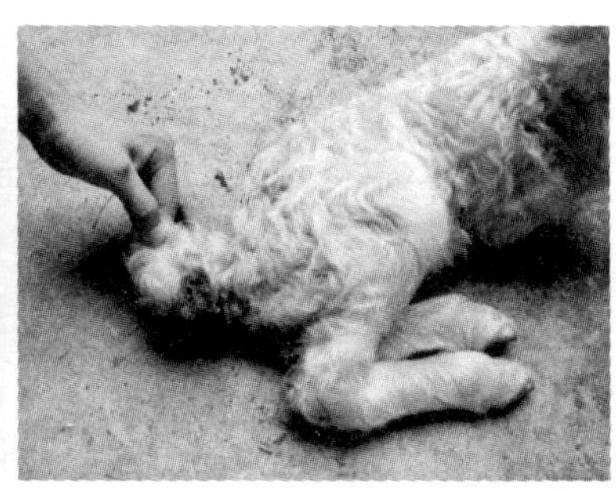

图5–1　羔羊痢疾（黄色）

【诊　断】

根据羔羊食欲减退、精神萎靡，卧地不起，起初呈黄色稀汤粪便，后来为血样紫黑色稀粪。结合症状可做出诊断。

【预　防】

加强妊娠母羊及哺乳期母羊的饲养管理，保持妊娠母羊的良好体质，以便产出健壮的羔羊。做好接羔护羔工作，产羔前对产房做彻底消毒，可选用1%～2%热烧碱水或20%～30%石灰水喷洒羊舍地面、墙壁及产房一切用具；冬、春季节做好新生羔羊的保温工作。

也可进行药物或疫苗预防。刚分娩的羔羊留在家里饲养，可口服青霉素片，每天1～2片，连服4～5天；灌服土霉素，每次0.3克，连用3天；在羔羊痢疾常发生的地区，可用羔羊痢疾菌苗给妊娠母羊进行2次预防接种，第一次在产前25天，皮下注射2毫升；第二次在产前15天，皮下注射3毫升，可获得5

个月的免疫期。

【治　疗】

土霉素、胃蛋白酶各 0.8 克，分为 4 包，每 6 小时加水灌服 1 次；盐酸土霉素 200 毫克，每 6 小时肌内注射 1 次，连用 2～3 天；或土霉素、胃蛋白酶各 0.8 克，次硝酸铋、鞣酸蛋白各 0.6 克，分为 4 包，每 6 小时加水灌服 1 次，连服 2～3 天。

磺胺脒、胃蛋白酶、乳酶生各 0.6 克，分成 4 包，每 6 小时加水灌服 1 次，连用 2～3 天；磺胺脒、乳酸钙、次硝酸铋、鞣酸蛋白各 1 份，充分混合、日灌服 2 次，每次 1～1.5 克，连服数日；或用磺胺脒 25 克，次硝酸铋 6 克，加水 100 毫升，混匀，每只每次灌 4～5 毫升，每天 2 次。

严重失水或昏迷的羔羊除用上述药方外，可静脉注射 5%糖盐水 20～40 毫升，皮下注射阿托品 0.25 毫克。

用胃管灌服 6%硫酸镁溶液（内含 0.5%甲醛溶液）30～60 毫升，6～8 小时后，再灌服 0.1%高锰酸钾溶液 1～2 次。

中药疗法。一是用乌梅散：乌梅（去核）、炒黄连、郁金、甘草、猪苓、黄芩各 10 克，柯子、焦山楂、神曲各 13 克，泽泻 8 克，干柿饼 1 个（切碎）。将以上各药混合捣碎后加水 400 毫升，煎汤至 150 毫升，以红糖 50 克为引，用胃管灌服，每只每次 30 毫升。如腹泻不止，可再服 1～2 次。二是用承气汤加减：大黄、酒黄芩、焦山楂、甘草、枳实、厚朴、青皮各 6 克，将以上各药混合后研碎加水 400 毫升，再加入朴硝 16 克（另包），用胃管灌服病羔。

四、羔羊肺炎

由于新生羔羊的呼吸系统在形态和功能上发育不足，神经反射尚未成熟，故最容易发生肺炎。多在早春和晚秋天气多变的季节发生，发病恢复后的羔羊生长发育会受阻。

【病　因】

羔羊肺炎主要是因为天气剧烈变化，感冒加重而致，并无特殊的病原菌。羔羊肺炎发生的主要原因是羔羊体质不健壮和外界环境不良造成。

妊娠母羊在冬季营养不足，翌年春季产出的羔羊就会有大批肺炎出现，因为母羊营养不良，直接影响到羔羊先天发育不足，产重不够，抵抗力弱，容易患病。在初乳不足，或者初乳期以后奶量不足，影响了羔羊的健康发育。运动不足和维生素缺乏，也容易患肺炎。另外，圈舍通风不良，羔羊拥挤，空气污浊，对呼吸道产生了不良刺激；酷热或突然变冷，或者夜间对羔羊圈舍的门窗关闭不好，受到贼风或低温的侵袭。

【症　状】

病初咳嗽，流鼻液，很快发展到呼吸困难，心跳加快，食欲减少或废绝。病羊精神萎靡，被毛粗乱而无光泽，有黏性鼻液或干固的鼻痂。呼吸促迫，每分钟 60～80 次，有的达到 100 次以上。体温升高，病后的 2～3 天内可高达 40℃以上，听诊有啰音（图 5-2、图 5-3）。

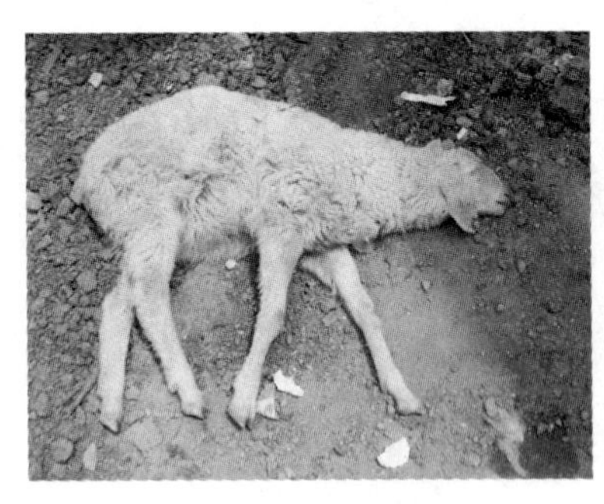

图 5-2　羔羊肺炎

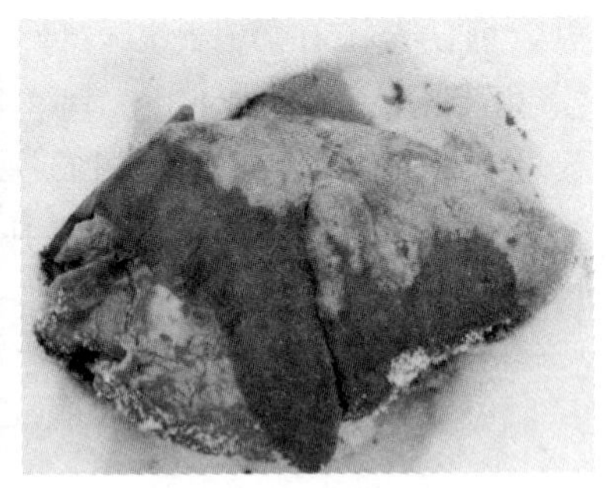

图 5-3　羔羊肺炎病变

【预　防】

天气晴朗时，让羔羊在棚外活动，接受阳光照射，加强运动，增强对外界环境的适应能力，勤清除棚圈内的污物，更换垫草，使棚舍适当通风，空气新鲜，干燥。给羔羊喂奶时注意温度，务使羔羊吃饱，增强其抵抗寒冷能力。注意保温，喂给易于消化而营养丰富的饲料，给予充足的清洁饮水。注意妊娠母羊的饲养。供给充足的营养，特别是蛋白质、维生素和矿物质，以保证胎羊的发育，提高羔羊的产重。保证初乳及哺乳期奶量的充足供给。加强管理。减少同一羊舍内羔羊的密度，保证羊舍清洁卫生，注意夜间防寒保暖，避免贼风及过堂风的侵袭，尤其是天气突然变冷时，更应特别注意。当羔羊群中发生感冒较多时，应给全群羔羊服用磺胺甲基嘧啶，以预防继发肺炎。预防剂量可比治疗剂量稍小，一般连用 3 天，即有预防效果。

【治　疗】

肌内注射青、链霉素或口服磺胺甲基嘧啶（每千克体重 0.07 克）；严重时，静脉滴注 50 万单位四环素葡萄糖液，并配合给予解热、祛痰和强心药物。

（1）及时隔离，加强护理　尽快消除引起肺炎的一切外界不良因素。为病羊提供良好的条件，比如放在宽大而通风良好的圈舍，铺足垫草，保持温暖，以减轻咳嗽和呼吸困难。

（2）应用抗生素或磺胺类药物　磺胺甲基嘧啶采用口服，对于人工哺乳的羔羊，可放在奶中喝下，既没有注射用药的麻烦，又可避免羔羊注射抗生素的痛苦。口服剂量是：每只羔羊日服 2 克，分 3～4 次。连服 3～4 天。抗生素疗法，可以肌内注射青霉素或链霉素，也可静脉注射四环素。对于严重病例，还可采用气管注射或胸腔注射。气管注射时，可将青霉素 20 万单位溶于 3 毫升 0.25%盐酸普鲁卡因注射液中，或将链霉素 0.5 克溶于 3 毫升蒸馏水中，每天 2 次。胸腔注射时，可在倒数第 6～8 肋间、背中线向下 4～5 厘米处进针 1～2 厘米，青霉素剂量为：1 月龄以内的羔羊 10 万单位，1～3 月龄的 20 万单位，每天 2 次，连用 2～3 天。在采用抗生素或磺胺类药治疗时，当体温下降以后，不可立即中断治疗，要再用同等或较小剂量持续应用1～2天，以免复发。因为复发病例的症状更为严重，用药效果也差，故应倍加注意。

（3）**中药疗法** 如咳嗽剧烈，可用款冬花、桔梗、知母、杏仁、郁金各6克，玄参、金银花各8克，水煎后一次灌服；如清肺祛痰，可用黄芩、桔梗、甘草各8克，栀子、白芍、桑白皮、款冬花、陈皮各7克，麦冬、瓜蒌各6克，水煎后一次灌服。

在治疗过程中，必须注意心脏功能的调节，尤其是小循环的改善，因此可以多次注射咖啡因或樟脑制剂。

五、羔羊感冒

母羊分娩、断脐带后，擦干羔羊身上的黏液，用干净的麻袋片等物包好，把羔羊放在保温的暖舍内，卧床上要铺较多的柔软干草，以免羔羊受凉。因天气骤变，突然寒冷，舍内外温差过大或因羊舍防寒设备差，管理不当，受贼风侵袭，常引发羔羊感冒。

【症　状】

体温升高到40～42℃，眼结膜潮红，羔羊精神萎靡，不爱吃奶，流浆液性鼻液，咳嗽，呼吸促迫。

【治　疗】

在气温寒冷的情况下，10日内的羔羊应暂不到舍外活动，以防感冒。羔羊患有感冒时，要加强护理，喂给易消化的新鲜青嫩草料，饮清洁的温水，防止再受寒。口服解热镇痛药，或注射安钠咖等针剂。为预防继发肺炎，应注射青霉素等抗生素药物。

六、羔羊脐带炎

新生羔羊脐带炎是因新生羔羊脐带断端受细菌感染而引起的

脐血管及周围组织发生的一种炎症。往往通过腹壁进入腹腔中所连接的组织发生炎症。人们所说的脐炎，实际上单纯的脐血管炎是很少存在的，脐炎常伴有邻近腹膜的炎症，甚至炎症可涉及膀胱圆韧带。

【病　因】

病因主要是在接产或助产时，脐带断端消毒不严格，羊舍及垫草不洁净而被污染，脐带断端被水或尿液浸渍，或群居羔羊之间互相吮吸脐带，也见于羔羊痢疾、消化不良、蝇蛆等病的侵害，均是脐带遭受细菌的感染而发炎。

【症　状】

根据炎症的性质和侵害部位不同，可分脐血管炎和坏死性脐炎。

（1）**羔羊脐血管炎**　病初脐孔周围组织发热、肿胀、充血，触摸有疼痛反应。脐带断端湿润，隔着脐孔处捻动皮肤时，可摸到手指粗细或筷子粗细的硬固状物。脐带残段脱落后，脐孔处湿润，形成瘘孔；指压时，可挤出少量化脓的液体，常带有异常臭味。脐周围常有肿块。

（2）**坏死性脐炎**　脐带残端湿润、肿胀、呈淡红色，带有恶臭气味。炎症常波及脐孔周围组织，而引起蜂窝组织炎和脓肿。

脐带残端脱落后，脐孔处可见有肉芽赘生，形成溃疡面，有脓性渗出物。有时病原微生物沿脐静脉侵入肺脏、肝脏、肾脏和其他脏器，引起败血症或浓度败血症时，羔羊表现精神沉郁，食欲降低，体温升高，呼吸急促等症状。

【预　防】

接产时对脐部要严格进行消毒。做好圈舍清洁卫生工作。在母羊产前搞好产前卫生，保持通风、干燥、勤换垫草。接羔时可结扎脐带，以促其干燥、坏死、脱落，严格对脐带消毒。同时，要加强产房卫生及羔羊的护理，防止多数羔羊互相吮吸脐带。

【治　疗】

脐部或周围组织发炎或脓肿时，局部涂5%碘酊和松节油的等量合剂。局部处理，应用0.1%高锰酸钾溶液清洗局部，用5%碘酊消毒净化组织，撒放磺胺粉，敷料包扎，在脐孔周围皮下分点注射青霉素普鲁卡因注射液。

如脐内脐血管肿胀及周围有肿胀异常，应用外科手术刀切开排脓，并用3%过氧化氢溶液清洗、0.1%碘酊消毒。如体温升高时，肌内注射或静脉滴注抗生素。脐带坏死时，必须切除脐带残端，除去坏死组织，消毒洗净后，再涂以碘仿醚溶液。必要时可用硫酸粉或高锰酸钾粉腐蚀赘生肉芽。最后向创口撒布碘仿醚、磺胺粉。为控制感染，防止炎症扩散，应肌内注射抗生素。

青霉素、链霉素各50万单位/千克体重，肌内注射。磺胺嘧啶钠0.2克/千克体重，一次灌服，维持剂量减半，可连用5天，也可用青霉素50万单位，0.25%普鲁卡因注射液4毫升，溶解，腹腔注射。

七、羔羊消化不良

羔羊消化不良是一种常见的消化道疾病。本病的特征主要是消化功能障碍和不同程度的腹泻。羔羊到2～3月龄以后，此病逐渐减少。

【病　因】

母羊饲养管理不当，新生羔羊吃不到初乳或吃初乳过晚，初乳品质过差。哺乳母羊患病，母乳中含有病理产物和病原微生物。母乳中维生素，特别是维生素A、B族维生素、维生素C不足或缺乏。羔羊受寒或羊舍过潮，卫生条件差。人工给羔羊哺乳不能定时定量，后期给羔羊补饲不当等。

【症　状】

羔羊消化不良多发生于哺乳期，病的主要特征是腹泻。粪便多呈灰绿色，且其中混有气泡和白色小凝块（脂肪酸皂），带有酸臭味，混有未消化的凝乳块及饲料碎片。伴有轻微臌气和腹痛现象。持续腹泻时由于脱水，皮肤弹性降低，被毛蓬乱失去光泽，眼窝凹陷。单纯性消化不良体温一般正常或偏低。中毒性消化不良可能表现一定的神经症状，后期体温突然下降。

【诊　断】

羔羊腹围增大，触诊胃部有硬块，羊羔表现不同程度的腹泻，站立时拱背，浑身颤抖，精神沉郁不振，体温偏低。

【预　防】

注意改善卫生条件，清扫圈舍，将患病羔羊置于干燥、温暖、清洁的单独圈舍里，地面铺以干燥、清洁的垫草，圈舍里的温度应保持在 12℃以上。母羊补喂营养丰富的青草和豆类饲料。羔羊出生后，应在 1 小时内让其尽量多吃初乳。母乳不足时，可补喂其他羊只的乳汁，少量多次。

【治　疗】

为排除胃肠内容物，可用油类或盐类缓泻剂；为促进消化可用乳酶生；为防止肠道感染，可用磺胺类药物加诺氟沙星配合进行治疗；对病程较长引起机体脱水的，可静脉注射 5%糖盐水，配合维生素 C 和能量合剂辅助治疗。

多数药物治疗往往无效，可减食或绝食 1～2 天，仅喂清洁饮水或配合止泻药物。停食后开始再喂食时，应逐渐恢复，给予易消化的米汤或乳汁。

八、羔羊副伤寒

羔羊副伤寒的病原以都柏林沙门氏菌和鼠伤寒沙门氏菌为主。发病羔羊以急性败血症和下痢为主。

【症　状】

羔羊副伤寒（下痢型）多见于 15～30 日龄的羔羊，体温

升高达 40～41℃，食欲减退，腹泻，排黏性带血稀粪，有恶臭；精神委顿，虚弱，低头，拱背，继而倒地，经 1～5 天死亡。

【预 防】

发现症状后，立刻严格隔离，以免扩大传染。同时给予容易消化的奶，可以加入开水，少量多次喂给。为了增强抵抗力，可以用初乳及酸奶进行饮食预防。给予较长时间、较大量的酸奶，可以使羔羊获得足够的免疫体和维生素 A，并能促进生长发育和预防肠道细菌的危害。也可以在羔羊出生后 1～2 小时内皮下注射母血 5～10 毫升进行预防。

【治 疗】

大量补液。在提高疗效中非常重要。

应用磺胺类或抗生素治疗。磺胺类可用磺胺脒；抗生素可用土霉素或金霉素，口服或肌内注射，将抗生素加入输液中效果更好。至少须应用 5 天。

应用噬菌体治疗。口服或静脉注射。往往在第一次应用后，即可见病情好转。

九、羔羊佝偻病

羔羊佝偻病又称为小羊骨软症，俗称弯腿症，是羔羊迅速生长时期的一种慢性维生素缺乏症。其特征为钙、磷代谢紊乱，骨的形成不正常。严重时骨骼发生特殊变形。多发生在冬末春初季节，绵羊羔和山羊羔都可发生。

【病 因】

饲料中钙、磷及维生素 D 中任何一种的含量不足，或钙磷比例失调，都能够影响骨的形成。因此，先天性佝偻病，起因于妊娠母羊矿物质（钙、磷）或维生素 D 缺乏，影响了胎儿骨组织的正常发育。出生后在紫外线照射不足的情况下，使饲料本身维生素的含量降低；哺乳羔羊的奶量不足，断奶后的小羊，饲料太单纯，钙、磷缺乏或比例失衡，或维生素 D 缺乏；内分泌腺（如甲状旁腺及胸腺）功能紊乱，影响钙的代谢，均能引起羔羊佝偻病。

【症　状】

先天性佝偻病，羔羊出生后衰弱无力，经数天仍不能自行起立。后天性佝偻病，发病缓慢，最初症状不太明显，只是食欲减退，腰部膨胀，腹泻，生长缓慢。病羊步态不稳，病继续发展时，则前肢一侧或两侧发生跛行。病羊不愿起立和运动，长期躺卧，有时长期弯着腕关节站立。在发生变形以前，如果触摸和叩诊骨骼，可以发现有疼痛反应。在起立和运动时，心跳与呼吸加快。典型症状为管状骨及扁骨的形态渐次发生变化，关节肿胀，肋骨下端出现佝偻病性念珠状物。膨起部分在初期有明显疼痛。骨质发生变化的结果，表现各种状态的弯曲，足的姿势改变，呈狗熊足或短腿狗足状态（图 5–4）。

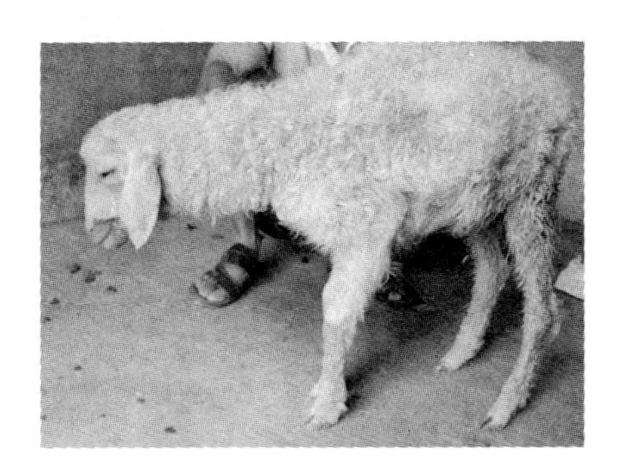

图 5–4　羔羊佝偻病

【诊　断】

主要根据迅速生长的羔羊表现步态僵硬，尤其是掌骨和跖骨远端骨骺变大、有明显的疼痛性肿胀，可做出临床诊断。

【预　防】

改善和加强母羊的饲养管理，加强运动和放牧，应特别重

视饲料中矿物质的平衡，多给青饲料，补喂骨粉，增加幼羔的日照时间。给母羊精饲料中加入骨粉和干苜蓿粉，可以防止羔羊发病。

【治　疗】

可用维生素 A、D 注射液 3 毫升，肌内注射；精制鱼肝油 3 毫升灌服或肌内注射，每周 2 次。为了补充钙制剂，可静脉注射 10% 葡萄糖酸钙注射液 5～10 毫升；也可肌内注射维丁胶性钙注射液 2 毫升，每周 1 次，连用 3 次。也可喂给三仙蛋壳粉：神曲 60 克、焦山楂 60 克、麦芽 60 克、蛋壳粉 120 克，混合后每只羔羊每天 12 克，连用 1 周。

十、羔羊白肌病

羔羊白肌病也称肌营养不良症，是伴有骨骼肌和心肌变性，并发生运动障碍和急性心肌坏死的一种微量元素缺乏症。常见于降水多的地区或灌溉地区，多发生于饲喂豆科牧草的羔羊、早期补饲的羔羊和高蛋白质日粮的羔羊。常在 3～8 周龄急性发作。

【病　因】

缺硒、缺维生素 E 是发生本病的主要原因，与母乳中钴、铜和锰等微量元素的缺乏也有关。

【症　状】

首先出现在四肢肌肉，初期时可能影响到心肌而猝死。症状也常扩展到膈、舌和食管处肌肉。慢性病例常伴有肺水肿引发的肺炎。临床症状有后肢僵直、拱背，有时卧倒，仍思食，有哺乳或采食愿望（图 5–5）。

图 5–5　羔羊白肌病

【诊　断】

病羔精神不振，运动无力，站立困难，卧地不愿起立；有时呈现强直性痉挛状态，随即出现麻痹、血尿；死亡前昏迷，呼吸困难。死后剖检骨骼肌苍白，营养不良。

【预　防】

加强母羊饲养管理，供给青嫩的豆科牧草，母羊产羔前补硒有一定效果。在母羊妊娠期间可注射0.1%亚硒酸钠注射液，成年母羊一次注射4～6毫升，也可配合维生素E同时注射，每隔15～30天注射1次，共注射2～3次即可。含硒饲料、黄洛奇舔砖等也有效。初生后5～7日龄羔羊可全部进行预防性注射亚硒酸钠1.5毫升，隔7天1次，共注射2次，即可起到预防作用。

【治　疗】

对发病羔羊应用硒制剂，如0.2%亚硒酸钠注射液2毫升，每月肌内注射1次，连用2次。与此同时，应用氯化钴3毫克、硫酸铜8毫克、氯化锰4毫克、碘盐3克，加水适量内服。如辅以维生素E注射液300毫克肌内注射，则效果更佳。

有的羔羊病初不见异常，往往于放牧时由于受到刺激后剧烈运动或过度兴奋而突然死亡。该病常呈地方性同群发病，应用其他药物治疗不能控制病情。

十一、羔羊口炎

主要是受到机械性的、物理化学性的有毒物质及传染性因素的刺激、侵害和影响所致。

【症　状】

3～15日龄的羔羊，时常出现口腔流涎，不肯吮吸母乳的现象，这时若检查口腔黏膜，会发现有充血斑点、小水疱或溃疡面，说明羔羊已经得了口腔炎，如果不及时治疗，可导致羔羊消瘦、消化不良，甚至活活饿死。初期都表现为口黏膜潮红，肿胀，疼痛，口温增高，流涎等症状。临床表现主要有卡他性口炎、水疱性口炎、溃疡性口炎、真菌性口炎。

【治　疗】

首先消除病因，喂给柔软、营养好而容易消化的饲料。用1%盐水、0.2%高锰酸钾溶液或2%～3%氯酸钾溶液洗涤口腔，然后涂抹2%碘甘油或2%龙胆紫溶液，每日1次。如有溃疡，可先用1%～2%硫酸铜溶液涂抹溃疡表面，然后涂抹2%碘甘油。若维生素缺乏，可注射或口服维生素B_1、维生素B_2和维生素C。

对于口炎并发肺炎的，可用下列中药方以清肺热。天花粉、黄芩、栀子、连翘各30克，黄柏、牛蒡子、木通各15克，大黄24克，芒硝9克，将前8种药共研成末，加入芒硝，开水冲，每只羔羊用其1/10混饲或灌服。

十二、羔羊破伤风

破伤风又称强直症，俗称锁口风、脐带风，是一种人兽共患的急性中毒性传染病；其特征为全身或部分肌肉呈持续性痉挛和对外界刺激反应性增高。

本病是由破伤风梭菌经伤口感染引发的一种急性传染病，成年羊、幼羊都易感染。羔羊在断脐、去势、打耳号等操作过程中消毒不当而感染。破伤风梭菌是存在于土壤中的粗大杆菌，能形成芽孢，长期存活，所以四季均可发生。

【症　状】

肌肉强直是本病的主要特征。病羊四肢强直，背腰不灵活，尾根上翘，行动困难。卧地后角弓反张，不能站立，头尾偏向一侧. 呼吸促迫，常因窒息而死亡，死亡率高达95%～100%（图5-6）。

【防　治】

防止发生伤口和断脐带用碘酊消毒；羔羊出生后12小时内，

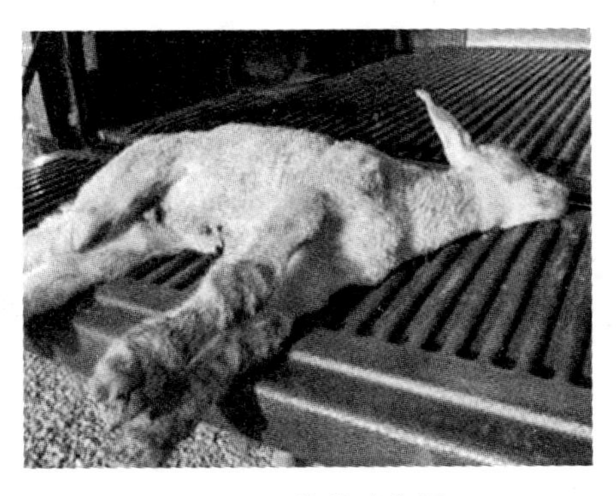

图 5-6　羔羊破伤风

肌内注射破伤风抗毒素 1 500 单位。

治疗注射大量破伤风抗毒素（10 000 单位），每日 1 次，连用 4～7 日。一般将抗毒素用 5% 葡萄糖注射液稀释后静脉注射。肌内注射氯丙嗪（10～25 毫克）。

第六章 羊常见传染病防治技术

一、口蹄疫防治技术规范

口蹄疫是由口蹄疫病毒引起的以偶蹄动物为主的急性、热性、高度传染性疫病，世界动物卫生组织（OIE）将其列为必须报告的动物传染病，我国规定为一类动物疫病。

为预防、控制和扑灭口蹄疫，依据《中华人民共和国动物防疫法》《重大动物疫情应急条例》《国家突发重大动物疫情应急预案》等法律、法规，制定口蹄疫防治技术规范。

【流行病学特点】

偶蹄动物，包括牛科动物（牛、瘤牛、水牛、牦牛）、绵羊、山羊、猪及所有野生反刍和猪科动物均易感，驼科动物（骆驼、单峰骆驼、美洲驼、美洲骆马）易感性较低。

传染源主要为潜伏期感染及临床发病动物。感染动物呼出物、唾液、粪便、尿液、乳汁、精液及肉和副产品均可带毒。康复期动物可带毒。

易感动物可通过呼吸道、消化道、生殖道和伤口感染病毒，通常以直接或间接接触（飞沫等）方式传播，或通过人或犬、蝇、蜱、鸟等动物媒介，或经车辆、器具等被污染物传播。如果环境气候适宜，病毒可随风远距离传播。

【症　状】

羊跛行；唇部、舌面、齿龈、鼻镜、蹄踵、蹄叉、乳房等部位出现水疱；发病后期，水疱破溃、结痂，严重者蹄壳脱落，恢复期可见瘢痕、新生蹄甲；传播速度快，发病率高；成年动物死亡率低，幼畜常突然死亡且死亡率高。

【病理变化】

消化道可见水疱、溃疡；幼畜可见骨骼肌、心肌表面出现灰白色条纹，形色酷似虎斑。

【病原学检测】

间接夹心酶联免疫吸附试验，检测阳性；反转录－聚合酶链式反应（RT-PCR）试验，检测阳性；反向间接血凝试验（RIHA），检测阳性；病毒分离，鉴定阳性。

【血清学检测】

中和试验，抗体阳性；液相阻断酶联免疫吸附试验，抗体阳性；非结构蛋白酶联免疫吸附试验检测感染抗体阳性；正向间接血凝试验（IHA），抗体阳性。

【结果判定】

疑似口蹄疫病例：符合该病的流行病学特点和临床诊断或病理诊断指标之一，即可定为疑似口蹄疫病例。

确诊口蹄疫病例：疑似口蹄疫病例，病原学检测方法任何一项阳性，可判定为确诊口蹄疫病例；疑似口蹄疫病例，在不能获得病原学检测样本的情况下，未免疫家畜血清抗体检测阳性或免疫家畜非结构蛋白抗体酶联免疫吸附试验检测阳性，可判定为确诊口蹄疫病例。

【疫情报告】

任何单位和个人发现家畜上述临床异常情况的，应及时向当地动物防疫监督机构报告。动物防疫监督机构应立即按照有关规定赴现场进行核实。

【疫情处置】

对疫点实施隔离、监控，禁止家畜、畜产品及有关物品移动，并对其内、外环境实施严格的消毒措施。必要时采取封锁、扑杀等措施。

【免　疫】

国家对口蹄疫实行强制免疫，各级政府负责组织实施，当地动物防疫监督机构进行监督指导。免疫密度必须达到100%。

预防免疫，按农业部制定的免疫方案规定的程序进行。

所用疫苗必须采用农业部批准使用的产品，并由动物防疫监督机构统一组织、逐级供应。

所有养羊场（户）必须按科学合理的免疫程序做好免疫接种，建立完整的免疫档案（包括免疫登记表、免疫证、免疫标识等）。

任何单位和个人不得随意处置及转运、屠宰、加工、经营、食用口蹄疫病（死）畜及产品；未经动物防疫监督机构允许，不得随意采样；不得在未经国家确认资质的实验室剖检分离、鉴定、保存病毒。

二、羊痘防治技术规范

羊痘是一种急性接触性传染病。分布很广，群众称之为“羊天花”或“羊出花”。本病在绵羊及山羊都可发生，也能传染给人。其特征是有一定的病程，通常都是由丘疹到水疱，再到脓疱，最后结痂（图6-1）。绵羊易感性比山羊大，造成的经济损失很严重。除了死亡损失比山

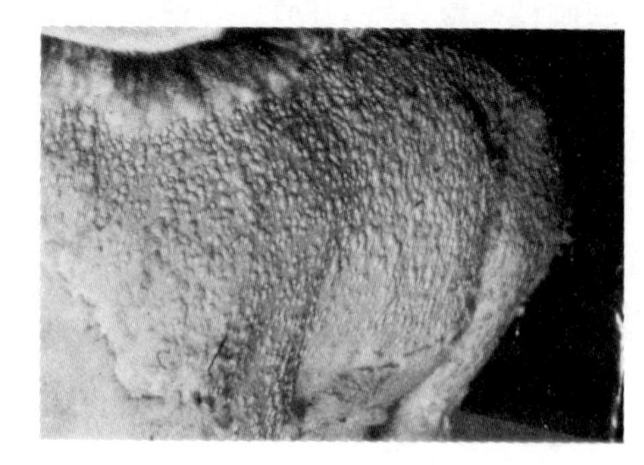

图6-1　羊痘症状

羊高以外，还由于病后恢复期较长，导致营养不良，使羊毛的品质变劣；妊娠病羊常常流产；羔羊的抵抗力较弱，死亡率更大，故应加强防治，彻底扑灭。

【流行病学特点】

羊痘可发生于全年的任何季节，但以春、秋两季比较多发，传播很快。病的主要传染来源是病羊，病羊呼吸道的分泌物、痘疹渗出液、脓汁、痘痂及脱落的上皮内都含有病毒，病期的任何阶段都有传染性。当健康羊和病羊直接或间接接触时，很容易受到传染。病的天然传染途径为呼吸道、消化道和受损伤的表皮。受到污染的饲料、饮水、羊毛、羊皮、草场、初愈的羊以及接触的人畜等，都能成为传播的媒介。但病愈的羊能获得终身免疫。潜伏期 2～12 天，平均 6～8 天。

【症　状】

发痘前，可见病羊体温升高到 41～42℃，食欲减少，结膜潮红，从鼻孔流出黏性或脓性鼻液，呼吸和脉搏增快，经 1～4 天后开始发痘。

发痘时，痘疹大多发生于皮肤无毛或少毛部分，如眼的周围、唇、鼻翼、颊、四肢和尾的内面、阴唇、乳房、阴囊及包皮上。山羊大多发生在乳房皮肤和乳头上。开始为红斑，1～2 天形成丘疹，突出皮肤表面，随后丘疹渐增大，变成灰白色水疱，内含清亮的浆液。此时病羊体温下降（图 6–2）。

在羊痘流行中，由于个体的差异，有的病羊呈现非典型经过，如在形成丘疹后，不再出现其他各期变化；有的病羊经过很严重，痘疹密集，互相融合连成一片，由于化脓菌侵入，皮肤发生坏死或坏疽，全身病状严重；甚至有的病羊，在痘疹聚集的部位或呼吸道和消化道发生出血。这些重病例多死亡。一般典型病程需 3～4 周，冬季较春季为长。如有并发肺炎（羔羊较多）、胃肠炎、败血症等时，病程可延长或早期死亡。

遇到各种不典型的症状：

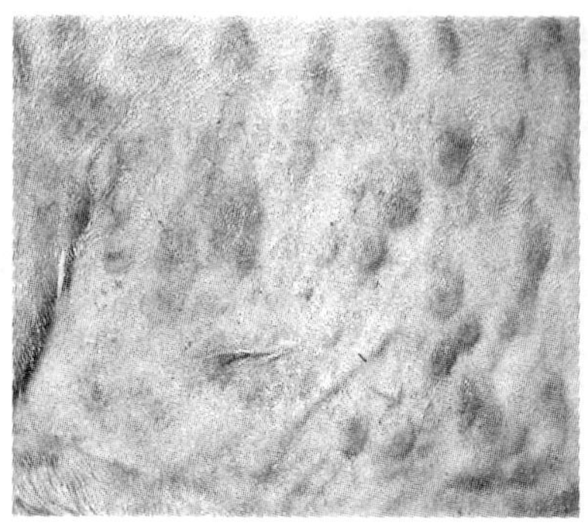
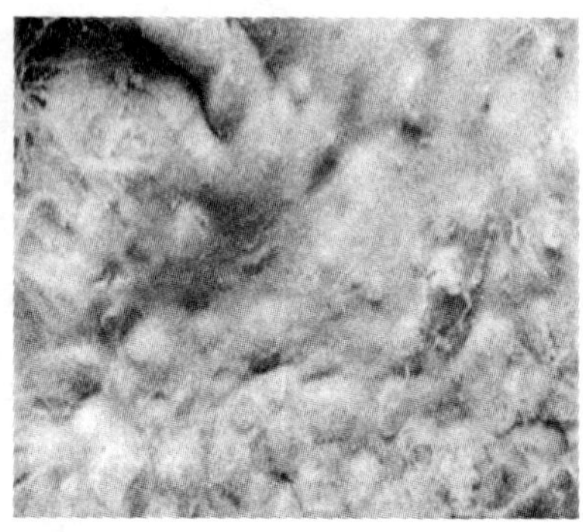

图 6-2 羊痘局部特征

①只呈呼吸道及眼结膜的卡他性炎症状，并无痘的发生，这是因为羊的抵抗力特别强大。

②丘疹并不变成水疱，数日内脱落而消失。

③脓疱特别多，互相融合而形成大片脓疱，即形成融合痘。

④有时水疱或脓疱内部出血，羊的全身症状剧烈，形成溃疡及坏死区，称为黑痘或出血痘。

⑤若伴发整块皮肤的坏死及脱落，则称为坏疽痘，此型痘通常引起死亡。

【病理变化】

特征性的病理变化主要见于皮肤及黏膜。尸体腐败迅速。在皮肤（尤其是毛少的部分）上可见到不同时期的痘疮。呼吸道黏膜有出血性炎症，有时增生性病灶，呈灰白色，圆形或椭圆形，直径约 1 厘米。气管及支气管内充满混有血液的浓稠黏液。有继发病症时，肺有病变区。消化道黏膜也有出血性发炎，特别是肠道后部，常可发现不深的溃疡，有时也有脓疱。病势剧烈时，前胃及真胃有水疱，间或在瘤胃有丘疹出现。淋巴结水肿、多汁而发炎。肝脏有脂肪变性病灶。

【诊　断】

在典型的情况下，可根据标准病程（红斑、丘疹、水疱、脓疱及结痂）确定诊断。当症状不典型时，可用病羊的痘液接种给健羊进行诊断。区别诊断：在液疱及结痂期间，可能误认为是皮肤湿疹或螨病，但此二病均无发热等全身症状，而且湿疹并无传染性；疥癣病虽能传染，但发展很慢，并不形成水疱和脓疱，在镜检刮屑物时可以发现螨虫。

【防 治】

平时做好羊的饲养管理，圈要经常打扫，保持干燥清洁，抓好秋膘。冬、春季节要适当补饲做好防寒过冬工作。

在羊痘常发地区，每年定期预防注射，羊痘鸡胚化弱毒疫苗，大、小羊一律尾内或股内皮下注射 0.5 毫升，山羊皮下注射 2 毫升。

当发生羊痘时，立即将病羊隔离，羊圈及管理用具等进行消毒。对尚未发病羊群，用羊痘鸡胚化弱毒苗进行紧急注射。

对于绵羊痘采用自身血液疗法能刺激淋巴、循环系统及器官，特别是网状内皮系统，使其发挥更大的作用，促进组织代谢，增强机体全身及局部的反应能力。

对皮肤病变酌情进行对症治疗，如用 0.1%高锰酸钾溶液洗后，涂 2% 碘甘油或 2% 紫药水。对细毛羊、羔羊，为防止继发感染，可以肌内注射青霉素 80 万～160 万单位，每日 1～2 次，或用 10%磺胺嘧啶钠注射液 10～20 毫升，每日 1 次，肌内注射 1～3 天。用痊愈血清治疗，大羊为 10～20 毫升，小羊为 5～10 毫升，皮下注射，预防量减半。用免疫血清效果更好。

三、布鲁氏菌病防治技术规范

布鲁氏菌病（布鲁氏杆菌病，简称布病）是由布鲁氏菌属细菌引起的人兽共患的常见传染病。我国将其列为二类动物疫病。为了预防、控制和净化布病，依据《中华人民共和国动物防疫法》及有关法律、法规，制定布鲁氏菌病防治技术规范。

【流行病特点】

布鲁氏菌是一种细胞内寄生的病原菌，主要侵害动物的淋巴系统和生殖系统。病畜主要通过流产物、精液和乳汁排菌，污染环境。羊、牛、猪的易感性最强。母畜比公畜、成年畜比幼龄畜发病多。在母畜中，第一次妊娠母畜发病较多。带菌动物，尤其是病畜的流产胎儿、胎衣是主要传染源。消化道、呼吸道、生殖道是主要的感染途径，也可通过损伤的皮肤、黏膜等感染。常呈地方性流行。

人主要通过皮肤、黏膜、消化道和呼吸道感染，尤其是以感染羊种布鲁氏菌、牛种布鲁氏菌最为严重。

【症　状】

潜伏期一般为 14～180 天。

最显著症状是妊娠母畜发生流产（图 6–3），流产后可能发生胎衣滞留和子宫内膜炎，从阴道流出污秽不洁、恶臭的分泌物。新发病的畜群流产较多；老疫区畜群发生流产的较少，但发生子宫内膜炎、乳腺炎、关节炎、胎衣滞留、久配不孕的较多。公畜往往发生睾丸炎、附睾炎或关节炎。

图 6–3　布鲁氏菌病引起的羊流产

【病理变化】

主要病变为生殖器官的炎性坏死，脾、淋巴结、肝、肾等器官形成特征性肉芽肿（布病结节）。有的可见关节炎。胎儿主要呈败血症病变，浆膜和黏膜有出血点和出血斑，皮下结缔组织发生浆液性、出血性炎症。

【疫情报告】

任何单位和个人发现疑似疫情，应当及时向当地动物防疫监督机构报告。

动物防疫监督机构接到疫情报告并确认后，按《动物疫情报告管理办法》及有关规定及时上报。

【疫情处置】

发现疑似疫情，畜主应限制羊移动；对疑似患病羊应立即隔离。

【预防和控制】

非疫区以监测为主；稳定控制区以监测净化为主；控制区和疫区实行监测、扑杀和免疫相结合的综合防治措施。

（1）免疫接种 疫情呈地方性流行的区域，应采取免疫接种的方法。疫苗选择布鲁氏菌病疫苗 S2 株（以下简称 S2 疫苗）、M5 株（以下简称 M5 疫苗）、S19 株（以下简称 S19 疫苗）以及经农业部批准生产的其他疫苗。

（2）无害化处理 患病动物及其流产胎儿、胎衣、排泄物、乳、乳制品等按照《畜禽病害肉尸及其产品无害化处理规程》（GB16548—1996）进行无害化处理。

（3）消毒 对患病动物污染的场所、用具、物品严格进行消毒。饲养场的金属设施、设备可采取火焰、熏蒸等方式消毒；养畜场的圈舍、场地、车辆等，可选用 2%烧碱等有效消毒药消毒；饲养场的饲料、垫料等，可采取深埋发酵处理或焚烧处理；粪便消毒采取堆积密封发酵方式。皮毛消毒用环氧乙烷、40%甲醛溶液熏蒸等。

发生重大布病疫情时，当地县级以上人民政府应按照《重大动物疫情应急条例》有关规定，采取相应的扑灭措施。

四、羊传染性胸膜肺炎防治技术规范

羊传染性胸膜肺炎是由山羊丝状支原体引起的，呈革兰氏阴性。病原体存在于病羊的肺脏和胸膜渗出液中，主要通过呼吸道感染。传染迅速，发病率高，在自然条件下，丝状支原体山羊亚种只感染山羊，3 岁以下的山羊最易感染，而绵羊肺炎支原体则可感染山羊和绵羊。

【流行病学特点】

病羊和带菌羊是本病的主要传染源。本病常呈地方流行性，接触传染性很强，主要通过空气—飞沫经呼吸道传染。阴雨连绵，寒冷潮湿，羊群密集、拥挤等因素，有利于空气—飞沫传染的发生；呈地方流行；冬季流行期平均为 15 天，夏季可维持 2 个月以上。

【症　状】

本病是以咳嗽，胸肺粘连等为特征的传染病。潜伏期 18～26 天，病初体温升高到 41～42℃，热度呈稽留型或间歇型。有肺炎症状，压迫病羊肋间隙时，感觉痛苦。病的末期，常发展为胃肠炎，伴有带血的急性腹泻，渴欲增加。妊娠母羊常发生流产（图 6–4、图 6–5）。

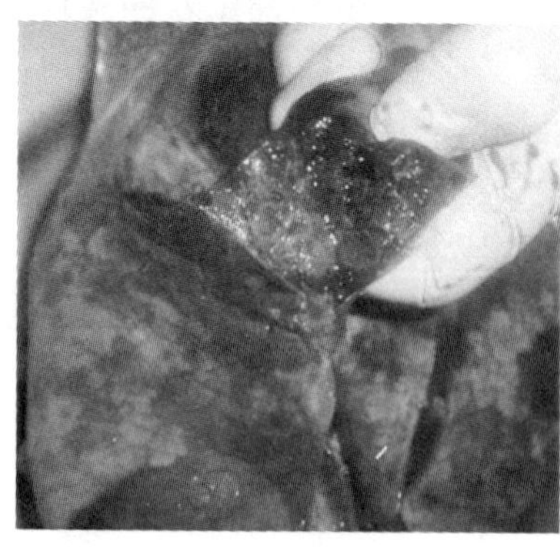

图 6–4　肺部病变

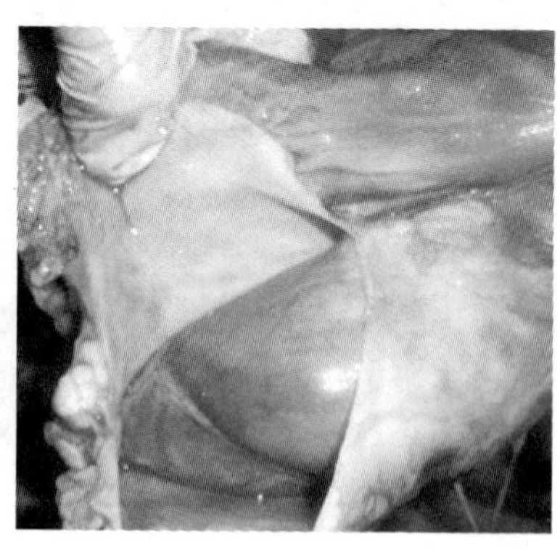

图 6–5　胸膜炎症状

【防　治】

每年秋季注射 1 次羊胸膜肺炎疫苗；杜绝羊只、人员串动；圈舍定期消毒。用沙星类药物治疗和预防有特效。

平时预防，除加强一般措施外，关键问题是防止引入或迁入病羊和带菌者。新引进羊只必须隔离检疫 1 个月以上，确认健康后方可混人大群。

发病羊群应进行封锁，及时对全群进行逐头检查，对病羊、可疑病羊和假定健康羊分群隔离和治疗；对被污染的羊舍、场地、饲管用具和病羊的尸体、粪便等，应进行彻底消毒或无害化处理。

五、羊常见细菌性猝死症防治

引起羊猝死的细菌性疾病较多，常见的有羊快疫、羊猝殂、羊肠毒血症、羊炭疽、羊黑疫、肉毒梭菌病和链球菌病等。这些疾病均可引起羊的短期内死亡，且症状类似。

（一）羊 快 疫

【病　原】

病原体为腐败梭菌。通过消化道或伤口传染。经过消化道感染的，可引起羊快疫；经过伤口感染的，可引起恶性水肿。

【感染途径】

在自然条件下，如在被死于羊快疫病羊尸体污染的牧场放牧或吞食了被其污染的饲料，都可发生感染。很多降低抵抗力的因素，可促进该病发生。如寒冷、冰冻饲料、绦虫等。

【症　状】

该病的潜伏期只有几小时，突然发病，在 10～15 分钟内迅速死亡，有时可以延长到 2～12 小时。死前痉挛、臌胀，结膜急剧充血。常见的现象是羔羊当天表现正常，第二天早晨却发现死亡；其发病症状主要表现为体温升高，食欲废绝，离群静卧，磨牙，呼吸困难，甚至发生昏迷，天然无绒毛部位有红色渗出液，头、喉、舌等部黏膜肿胀，呈蓝紫色，口腔流出带血泡沫，有时发生带血腹泻，常有不安、兴奋、突跃式运动或其他神经症状。

【防　治】

每年定期应用羊快疫、羊猝殂、羊肠毒血症、羔羊痢疾四联苗预防注射。

羊群中一旦发病，立即将病羊隔离，并给发病羊群全部灌服0.5%高锰酸钾溶液250毫升或1%硫酸铜溶液80～100毫升，同时进行紧急接种。

病死羊尸体、粪便和污染的泥土一起深埋，以断绝污染土壤和水源的机会。圈舍用3%火碱溶液彻底消毒。也可以用20%漂白粉混悬液消毒。

治疗用磺胺类药物及青霉素均有疗效，但由于病期短促，生产中很难生效。

（二）羊猝殂

【病　原】

本病是由C型魏氏梭菌引起的一种毒血症。

【症　状】

急性死亡、腹膜炎和溃疡性肠炎为特征，十二指肠和空肠黏膜严重充血糜烂，个别区段有大小不等的溃疡灶。常在死后8小时内，由于细菌的增殖，于骨骼肌肌间积聚有血样液体，肌肉出血，有气性裂孔。以1～2岁的绵羊发病较多。

【诊　断】

本病的流行特点、症状与羊快疫相似，这两种病常混合发生。诊断主要靠肠内容物毒素种类的检查和细菌的定型，其方法同肠毒血症的诊断。

【防 治】

同羊快疫和羊肠毒血症。

（三）羊肠毒血症

【病 原】

羊肠毒血症是魏氏梭菌产生毒素所引起的绵羊急性传染病。

【感染途径】

本菌常见于土壤中，通过口腔进入胃肠道，在真胃和小肠内大量繁殖，产生大量毒素。毒素被机体吸收后，可使羊体发生中毒而引起发病。

【症 状】

以发病急，死亡快，死后肾脏多见软化为特征。又称软肾病、类快疫。

最急性病羊死亡很快。个别呈现腹痛症状，步态不稳，呼吸困难，有时磨牙，流涎，短时间内倒地死亡。急性的表现为，病羊食欲消失，腹泻，粪便恶臭，混有血液及黏液，意识不清，常呈昏迷状态，经过 1～3 日死亡。有的可能延长，其表现特点有时兴奋，有时沉郁，黏膜有黄疸或贫血，这种情况，虽然可能痊愈，但大多数失去经济利用价值。

【诊 断】

病的诊断以流行病学、临床症状和病例剖检为基础、注意个别羔羊突然死亡。剖检见心包扩大，肾脏变软或呈乳糜状。但最根本的方法是细菌学检查。

【防 治】 同羊快疫。

（四）炭 疽

【病 原】

该病是由炭疽杆菌引起的传染病，常呈败血性。

【症 状】

潜伏期1～5天。根据病程，可分为最急性型、急性型、亚急性型。

（1）**最急性型** 突然昏迷、倒地，呼吸困难，黏膜青紫色，天然孔出血。病程为数分钟至几小时。

（2）**急性型** 体温达42℃，少食，呼吸加快，反刍停止，妊娠母羊可流产。病情严重时，惊恐、咩叫，后变得沉郁，呼吸困难，肌肉震颤，步态不稳，黏膜青紫。初便秘，后可腹泻、便血，有血尿。天然孔出血，抽搐痉挛。病程一般1～2天。

（3）**亚急性型** 在皮肤、直肠或口腔黏膜出现局部的炎性水肿，初期硬，有热痛，后变冷而无痛。病程为数天至1周以上。

【预 防】

经常发生炭疽的地区，应进行预防注射。未发生过本病的地区在引进羊时要严格检疫，不要买进病羊。尸体要焚烧、深埋，严禁食用；对病羊污染环境可用20%漂白粉混悬液彻底消毒。疫区应封锁，疫情完全消灭后14天才能解除。

（五）羊 黑 疫

羊黑疫又称传染性坏死性肝炎，是羊的一种急性高度致死性毒血症。

【发病特点】

以2～4岁、营养好的绵羊多发，山羊也可发生。主要发生于低洼潮湿地区，以春、夏季多发。

【症 状】

临床症状与羊肠毒血症、羊快疫等极其相似，病程短促。病程长的病例1～2天。常食欲废绝，反刍停止，精神不振，放牧掉群，呼吸急促，体温41℃左右，昏睡俯卧而死。

【防 治】

病程稍缓病羊，肌内注射青霉素80万～160万单位，每日

2 次。也可静脉或肌肉注射抗诺维氏梭菌血清，一次 50～80 毫升，连续用 1～2 次。

控制肝片吸虫的感染，定期注射羊厌气菌病五联苗，皮下或肌内注射 5 毫升。发病时一般圈至高燥处，也可用抗诺维氏梭菌血清早期预防，皮下或肌内注射 10～15 毫升，必要时重复 1 次。

（六）肉毒梭菌中毒

【病　原】

肉毒梭菌存在于家畜尸体内和被污染的草料中，该菌在适宜的条件下（潮湿、厌氧，18～37℃）能够繁殖，产生外毒素。羊只吞食了含有毒素的草料或尸体后，即会引起中毒。

【症　状】

中毒后一般表现为吞咽困难，卧地不起，头向侧弯，颈、腹部和大腿肌肉松弛。一般体温正常，多数 1 日内死亡。最急性的，不表现任何症状，突然死亡。慢性的，继发肺炎，消瘦死亡。

【防　治】

不用腐败发霉的饲料喂羊，清除牧场、羊舍和周围的垃圾、尸体。定期预防注射类毒素。注射肉毒梭菌抗毒素 6 万～10 万单位；投服泻剂清理胃肠；配合对症治疗。

（七）羊链球菌病

【病　原】

病原体为 C 型溶血性链球菌。多经呼吸道感染。当天气寒冷、饲料不好时容易发病，在牧草青黄不接时最容易发病和死亡。新发地区多呈流行性，常发地区则呈地方流行性或散发性。

【症　状】

病程短，最急性病例 24 小时内死亡，一般为 2～3 天。病初体温高达 41℃以上；结膜充血，有脓性分泌物；鼻孔有浆液、黏液脓性鼻液；有时唇舌肿胀流涎，并混有泡沫；颌下淋巴结肿

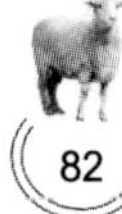

大，咽喉肿胀，呼吸急促，心跳加快；排软便，带黏液或血。最后衰竭卧地不起。

【诊　断】

根据发病季节、症状和剖检，可以做出初步诊断。细菌学检查具有确诊意义。

【防　治】

加强饲养管理，保证羊体健壮。每年秋季做疫苗注射。圈舍定期消毒。治疗可用青霉素、磺胺类。

（八）羊快疫、羊猝殂、羊肠毒血症、羊炭疽区分

羊快疫病原体为腐败梭菌、羊猝殂病原体为 C 型魏氏梭菌、羊肠毒血症病原体为 D 型魏氏梭菌、炭疽病原为炭疽杆菌。这些传染病羊易感，对养羊业危害较大，并症状有些相似，注意鉴别（表 6–1）。

表 6–1　羊快疫、羊猝殂、羊肠毒血症、羊炭疽的鉴别

鉴别要点	羊快疫	羊肠毒血症	羊猝殂	羊炭疽
发病年龄	6～18 个月	2～12 个月	1～2 岁	成年羊
营养状况	膘情好者多发	同　左	同　左	营养不良多发
发病季节	秋季和早春多发	春夏之交和秋季多发	冬、春多发	夏、秋多发
发病诱因	气候骤变	精料等过食	多见阴洼沼泽地区	气温高、雨水多吸虫、昆虫活跃
高血糖和尿糖	无	有	无	无
胸腺出血	无	有	无	—
真胃出血性炎	很显著、弥漫性、斑块状	不特征	轻　微	较显著，小点状

续表 6-1

鉴别要点	羊快疫	羊肠毒血症	羊猝殂	羊炭疽
小肠溃疡性炎	无	无	有	无
骨骼肌气肿出血	无	无	死后 8 小时出现	无
肾脏软化	少　有	死亡时间较久者多见	少　有	一般无
急性脾肿	无	无	无	有
抹片检查	肝被膜触片常有无关节长丝状的腐败梭菌	血液和脏器组织一般不见细菌	体腔渗出液和脾脏抹片中可见 C 型魏氏梭菌	血液和脏器涂片见有荚膜的炭疽杆菌

六、绵羊肺腺瘤病的防治

绵羊肺腺瘤病是绵羊的一种慢性、进行性、接触性传染的肺脏肿瘤性疾病，此病也发生在山羊。是以病羊咳嗽、呼吸困难、消瘦、大量浆液性鼻液、Ⅱ型肺泡上皮细胞和无纤毛细支气管上皮细胞肿瘤性增生为主要特征的疾病。我国首例绵羊肺腺瘤病是 1951 年西北畜牧兽医学院朱宣人在病理剖检时发现。目前除澳大利亚、新西兰未见该病报道和冰岛已用严厉措施灭绝了该病外，世界上多数养羊业发达的国家和地区都有该病的发生和流行。

【病　原】

本病病原称为绵羊肺腺瘤病毒或驱赶病毒。本病毒含线性单股负链核糖核酸（RNA），核衣壳直径 95～115 纳米，其外有囊膜，是一种反转录病毒。本病毒抵抗力不强，在 56℃、30 分钟灭活，对氯仿和酸性环境都很敏感。-20℃保存的病肺细胞里的病毒可存活数年。本病毒不易在体外培养，而只能依靠人工接种易感

绵羊来获得病毒。用病料经鼻或气管接种绵羊，经3～7个月的潜伏期后出现临床症状，在肺脏及其分泌物中含有较多的病毒。

【流行病学】

本病多为散发，有时也能大批发生。冬季寒冷及羊圈中羊只拥挤，可促进本病的发生和流行。羊群长途运输或驱赶，尘土刺激，细菌及寄生虫侵袭等均可引起肺源性损伤，导致本病的发生。不同品种、年龄、性别的绵羊均易感染，品种间以美利奴绵羊的易感性最高，母羊发病较多，成年绵羊特别是3～5岁的发病较多。在特殊情况下，也可发生于2～3月龄绵羊。病羊是本病的传染源，通过咳嗽和喘气可将病毒排出，经呼吸道传染给易感羊，也有通过胎盘而使羔羊发病的报道。

【症　状】

绵羊肺腺瘤病有较长潜伏期，人工感染潜伏期为3～7个月，只有较大羊和成年绵羊有临床表现。早期病羊精神不振，被毛粗乱，步态僵硬，逐渐消瘦，结膜呈粉白色，无明显体温反应。出现咳嗽、气喘、呼吸困难症状。在剧烈运动或驱赶时呼吸加快。后期呼吸快而浅，吸气时常见头颈伸直，鼻孔扩张，张口呼吸。病羊常有混合性咳嗽，呼吸道积液是本病的特有症状，听诊时呼吸音明显，容易听到升高的湿性啰音。当支气管分泌物积聚在鼻腔时，则随呼吸发出鼻塞音。若头下垂或后躯居高时，可见到泡沫状黏液和鼻中分泌物从鼻孔流出。病羊体温正常，但在病的后期可能继发细菌感染，引起化脓性肺炎，导致急性，有时为发热性病程。本病末期，病羊衰竭、消瘦、贫血，但仍然保持站立姿势，因为躺卧时呼吸更加困难，直至死亡。

【病理变化】

病羊死后剖检时的病理变化主要集中在肺脏。病羊的肺脏比正常的大2～3倍。在肺的心叶、尖叶和膈叶的下部，可见大量灰白色乃至浅黄褐色结节，其直径为1～3厘米，外观圆形、质地坚实，密集的小结节发生融合，形成大小不一、形态不规则的大结节。甚至可波及一个肺叶的大部分。如有继发感染则出现大小不等的化脓灶。病变部位的肺胸膜常与胸壁及心包膜粘连。部分病羊因肿瘤转移，致使支气管周围淋巴结增大，形成不规则的肿块。左心室增生、扩张。组织学变化可见肺肿瘤，是由增生的肺泡和支气管的上皮增生所组成。病羊的肺脏病理组织切片，可见Ⅱ型肺泡上皮细胞大量增生，形成许多乳头状腺癌灶，乳头状的上皮细胞突起向肺泡腔内扩张。有的腺癌灶周围的肺泡腔内，充满大量增生脱落的上皮细胞，主要以Ⅱ型肺泡上皮细胞为主。这些增生脱落的细胞伴随大量渗出液体，经呼吸道从鼻腔排出。从而可以从病羊鼻腔分泌物的推片染色镜检中特异性的发现有大量Ⅱ型肺泡上皮细胞存在。病后期，肺的切面有水肿液流出。

【诊　断】

目前，对于活体绵羊是否患有绵羊肺腺瘤病还没有一种很明确的诊断方法，对本病的诊断主要依靠病史、临床症状、病理剖检和组织学变化进行。对可疑的病羊做驱赶试验，观察呼吸数变化、咳嗽和流鼻液情况。提起病羊后躯，使头部下垂观察鼻液流出情况等可做出初步诊断。在感染羊的循环血液中检测不到相应抗体，只能通过分子克隆技术而获得融合蛋白，用来免疫家兔或山羊，产生的抗血清既能与融合蛋白起抗原抗体反应，也能与被检样品中的 SPA 病毒起反应，从而达到诊断的目的。

当病羊通过上述方法初步诊断为本病时，可以对病羊进行以下几方面的检测：

①病羊鼻腔分泌物的光镜下观察。

②病毒抗原的检测，对病羊的分泌物或肺脏匀浆进行酶联免疫吸附试验（B-ELISA）和免疫印迹试验。

③动物接种试验。

④绵羊肺腺瘤病反转录病毒（JSRV）的克隆和序列分析使建立有效的聚合酶链式反应（PCR）诊断方法成为可能。

【防　治】

目前还没有可用的疫苗。本病的防治应严禁从有病国家和羊群引进动物。在发生本病地区，将临床发病羊全部屠宰、淘汰，发病羊群应加隔离。对圈舍和草场等环境进行严格消毒并空闲一定时间再重新使用。在非疫区，严禁从疫区引进绵羊和山羊，如引进种羊，须严格检疫后隔离，进行长时间观察，做定期临床检查。如无异常再行混群。消除和减少诱发本病的各种因素，加强饲养管理，改善环境卫生，防止疾病的发生。

绵羊肺腺瘤病是 2008 年中华人民共和国农业部公告第 1125 号规定的三类动物疫病，由于本病分布广泛和高度病死率，给养羊业带来严重危害，越来越多的引起兽医学界的广泛关注。作为进出口检疫部门，加强对本病的研究和对该病的诊断可对我国进出口羊检疫时提供有效方法，并且对病羊群的检疫、净化和清群提供帮助。防止绵羊肺腺瘤病的传入、传出。

七、结核类疾病防治

（一）山羊结核病

【病　原】

病原为结核杆菌。结核杆菌分为 3 型，即人型、牛型和禽型。这三种细菌是同一种微生物的变种，是由于长期分别生存于不同机体而适应的结果。结核杆菌对于干燥、腐败作用和一般消毒药的耐受性很强，日光和高温容易杀死本菌，日光照射 0.5～2 小时死亡，煮沸时 5 分钟以内即死亡。

【传染途径】

这三型杆菌均可感染人畜。主要通过呼吸道和消化道感染。病羊或其他病畜的唾液、粪尿、奶、泌尿生殖道分泌物及体表溃疡分泌物中都含有结核杆菌。结核杆菌进入呼吸道或消化道即可感染。

【症　状】

山羊结核病症状不明显，一般为慢性经过。轻度感染的病羊没有临床症状，病重时食欲减退，全身消瘦，皮毛干燥，精神不振。常排出黄色黏稠鼻液，甚至含有血丝，呼吸带痰音，发生湿性咳嗽。病的后期表现贫血，呼气带臭味，磨牙，喜好吃土。体温升高到 40～41℃。

【诊　断】

主要通过结核菌素点眼和皮内注射试验。

【防　治】

主要通过检疫，阳性捕杀，使羊群净化。对有价值的种羊须治疗时，可采用链霉素、异烟肼（雷米封）、对氨水杨酸钠或盐酸黄连素治疗。

（二）羊副结核病

【病　原】

副结核病又称副结核性肠炎、稀屎痨，是牛、绵羊、山羊的一种慢性接触性传染病，分布广泛。在青黄不接，草料供应不上、羊只体质不良时，发病率上升。转入青草期，病羊症状减轻，病情大见好转。

【发病特点】

副结核分枝杆菌主要存在于病羊的肠道黏膜和肠系膜淋巴结，通过粪便排出，污染饲料、饮水等，经消化道感染健康家畜。幼龄羊的易感性较大，大多在幼龄时感染，经过很长的潜伏期，到成年时才出现临床症状，特别是由于机体的抵抗力减弱，饲料中缺乏矿物质和维生素，容易发病；呈散发或地方性流行。

【症　状】

病羊腹泻反复发生，稀便呈卵黄色、黑褐色，带有腥臭味或恶臭味，并带有气泡。开始为间歇性腹泻，逐渐变为经常性而又顽固的腹泻，后期呈喷射状排出。有的母羊泌乳少，颜面及下颌

部水肿，腹泻不止，最后消瘦骨立，衰竭而死。病程长短不一，短的 4～5 天，长的可达 70 多天，一般是 15～20 天。

【防　治】

对疫场（或疫群）可采用以提纯副结核菌素变态反应为主要检疫手段，每年检疫 4 次，凡变态反应阳性而无临床症的羊，立即隔离，并定期消毒；无临床症状但粪便检菌阳性或补给阳性者均扑杀。非疫区（场）应加强卫生措施，引进种羊应隔离检疫，无病才能入群。在感染羊群，实行接种副结核灭活疫苗等综合防治措施，可以使本病得到控制和逐步消灭。

（三）山羊伪结核病

【病　原】

病原为伪结核棒状杆菌或啮齿类假结核杆菌。不能形成芽孢，容易被杀死，在土壤中不能长期存活，但圈舍的环境有利于本菌的繁殖，因此羊群易发本病。

【传染途径】

主要通过伤口传染，尤其是在梳绒剪毛时易发，此外如脐带伤、打耳标等，都可成为细菌侵入的途径。

【症　状】

最常患病的部位在肩前、股前及头颈部的淋巴结。淋巴结肿胀，内含黄色的豆渣样物。有时发生在睾丸。当肺部患病时，引起慢性咳嗽，呼吸快而费力，咳嗽痛苦，鼻孔流出黏液或脓性黏液。

【诊　断】

主要根据特殊病灶做出诊断。

【预　防】

因为该病主要通过伤口感染，所以伤口要严格消毒，梳绒剪毛时受伤机会最大，对有病灶的羊最后梳剪，用具要经常消毒。处理伪结核脓肿时，脓汁要消毒处理。

【治　疗】

外部脓肿切开排脓。在切开脓肿时，间或可能使病原入血，引起其他部分脓肿。但待自行破裂又容易造成脓肿乱散而扩大传染。所以，最好是在即将破裂之前人工切开。破裂之前表现为：脓肿显著变软，表面被毛脱落，局部皮肤发红。切开排脓清洗后，塞入吸有碘酊的纱布，一般在 1 周即可痊愈。对内脏患病而出现全身症状者，一般治疗无效。

八、蓝 舌 病

【病　原】

病原为蓝舌病病毒，病毒抵抗力很强，在 50% 甘油中可存活多年，对 3% 氢氧化钠溶液很敏感。已知本病毒有多种血清型，各型之间无交互免疫力。

【传染途径】

绵羊易感，牛和山羊的易感性较低。病的发生具有严格的季节性。主要由各种库蠓昆虫传播。本病的分布与这些昆虫的分布、习性和生活史密切相关。多发生于湿热的夏季和早秋。特别多见于池塘河流多的低洼地区。在流行地区的牛也可能是急性感染或为带毒牛。对本病来说，牛是宿主，库蠓是传播媒介，而绵羊是临床症状表现最严重的动物。

【症　状】

潜伏期为 3～8 天，病初体温升高达 40.5～41.5℃，稽留热 5～6 天。表现厌食、委顿、流涎，口唇水肿延到面部和耳部，甚至颈部和腹部。口腔黏膜充血，后发绀，呈青紫色（图 6–6）。在发热几天后，口腔连同唇、根、颊、舌黏膜糜烂，致使吞咽困难；随着病程的发展，在溃疡损伤部位渗出血液，唾液呈红色，口腔发臭。鼻流炎性、黏液性分泌物，鼻孔周围结痂，引起呼吸困难和鼾声。有时蹄冠、蹄叶发生炎症，触之敏感，呈不同

程度跛行。甚至膝行或卧地不动。病羊消瘦、衰弱，有的便秘或腹泻，有时腹泻带血，早期有白细胞减少症。病程一般为6～14天，发病率一般为30%～40%，病死率2%～3%，有时高达90%，患病不死的经10～15天症状消失。6～8周后蹄部也恢复。妊娠4～8周的母羊遭受感染时，其分娩的羔羊约有20%发育缺陷，如脑积液、小脑发育不全、回沟过多等。

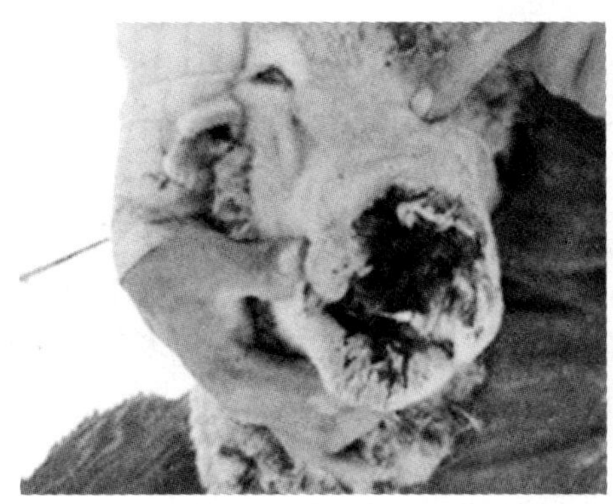

图6-6　羊蓝舌病

【诊　断】

根据典型症状和病变可以做临床诊断抽口发热，白细胞减少，口和唇肿胀和糜烂，跛行，行动僵直，蹄的炎症及流行季节等。也可进行血清学诊断，方法有补体结合试验、中和试验、琼脂扩散试验、直接和间接荧光抗体技术、酶标记抗体法、核酸电泳分析与核酸探针检验等，其中以琼脂扩散试验较为常用。

【防　治】

对病羊要精心护理，给以易消化的饲料，每天用温和的消毒液冲洗口腔和蹄部，必须注意病羊的营养状态。预防继发感染可用磺胺药或抗生素，有条件的地区或单位，发现病羊或分离出病毒的阳性羊予以扑杀；血清学阳性羊，要定期复检，限制其流动，就地饲养使用，不能留作种用。

九、羊口疮（传染性脓包）

【病　原】

病原为滤过性口疮病毒。其形态与羊痘病毒相似。病痂内的病毒在炎热的夏季经过 30～60 天即失去传染力，但在秋、冬季节散播在土壤里的病痂病毒，到翌年春季仍有传染性。

【传染途径】

主要传染源是病羊，通过接触传染。也可经污染的羊舍、草场、草料、饮水和用具等感染。传染的门户是损伤的皮肤和黏膜。

【症　状】

主要发生于两侧口角部、上下唇的内外面、齿龈、舌尖表面及硬腭等处，少数见于鼻孔及眼部。病初口角或上、下唇的内外侧充血，出现散在的红疹。以后红疹数目逐渐增加，患部肿大，并形成脓疱。经 2～4 日，红疹全部变为脓包。脓疱迅速破裂，形成无皮的溃疡，以后形成一层灰褐色痂块。痂块逐渐增大，结成黑色赘疣状的痂块，摸起来极为坚硬。如剥除痂块，疮面凹凸不平，容易出血。延及舌面、齿龈及硬腭的病变，常常烂成一片，但不经过结痂过程（图 6–7）。

图 6–7　羊 口 疮

【诊 断】

羔羊发病率高而严重，传染迅速。患病局限于唇部的为多数。病变特点是形成疣状结痂，痂块下的组织增生呈桑葚状。

【预 防】

定期注射羊口疮疫苗。用0.1%高锰酸钾溶液清洗，10～15天即可痊愈。

十、羊衣原体病

衣原体病是由鹦鹉热衣原体引起羊、牛等多种动物的传染病。临床病理特征为流产、肺炎、肠炎、多发性关节炎和脑炎。

【病 原】

鹦鹉热衣原体属于衣原体科、衣原体属，革兰氏染色阴性。生活周期各期中其形态不同，染色反应也异。姬姆萨氏染色，形态较小、具有传染性的原生小体被染成紫色，形态较大、无传染性的繁殖性初体被染成蓝色。受感染的细胞内可查见各种形态的包涵体，主要由原生小体组成，对疾病诊断有特异性。衣原体在一般培养基上不能繁殖，常在鸡胚和组织培养中能够增殖。小鼠和豚鼠具有易感性。鹦鹉热衣原体抵抗力不强，对热敏感，感染鸡胚卵黄囊中的衣原体在-20℃可保存数年。0.1%甲醛、0.5%石炭酸、70%酒精、3%氢氧化钠溶液均能将其灭活。衣原体对青霉素、四环素、红霉素等抗生素敏感，而对链霉素有抵抗力。对磺胺类药物，沙眼衣原体敏感，而鹦鹉热衣原体则有抗药性。

【流行病学】

鹦鹉热衣原体可感染多种动物，但常为隐性经过。家畜中以羊、牛较为易感，禽类感染后称为“鹦鹉热”或“鸟疫”。许多野生动物和禽类是本菌的自然宿主。患病动物和带菌动物为主要传染源，可通过粪便、尿液、乳汁、泪液、鼻分泌物及流产的胎衣、羊水排出病原体，污染水源、饲料及环境。本病主要经呼吸道、消化道及损伤的皮肤、黏膜感染；也可通过交配或用患病公畜的精液人工授精而感染，子宫内感染也有可能；蜱、螨等吸血昆虫叮咬也可能传播本病。本病一般呈散发性或地方性流行。密集饲养、营养缺乏、长途运输或迁徙、寄生虫侵袭等应激因素可促进本病的发生、流行。

【症　状】

临床上羊常表现以下几型：

（1）**流产型**　流产多发生于孕期最后 1 个月，病羊流产、死产和产出弱羔，胎衣往往滞留，排流产分泌物可达数日之久。流产过的母羊一般不再流产。

（2）**关节炎型**　主要发生于羔羊，引起多发性关节炎。病羔体温升至 41～42℃，食欲丧失，离群，肌肉僵硬、疼痛，一肢或四肢跛行，有的则长期侧卧，体重减轻，并伴有滤泡性结膜炎，病程 2～4 周。羔羊痊愈后对再感染有免疫力。

（3）**结膜炎型**　结膜炎主要发生于绵羊特别是羔羊。病羊单眼或双眼均可发生，病眼流泪，结膜充血、水肿，角膜混浊，有的出现血管翳，甚至糜烂、溃疡或穿孔，一般经 2～4 天开始愈合。数日后，在瞬膜和眼睑上形成 1～10 毫米的淋巴样滤泡。部分病羔发生关节炎、跛行。病程一般为 6～10 天或数周。

【病理变化】

（1）**流产型**　流产动物胎膜水肿、增厚；胎盘子叶出血、坏死流产胎儿苍白，贫血，皮下水肿，皮肤和黏膜有点状出血，肝脏充血。组织学检查，胎儿肝、肺、肾、心肌和骨骼肌有弥漫性和局灶性网状内皮细胞增生。

（2）**关节炎型**　关节囊扩张，发生纤维素性滑膜炎。关节囊内聚集有炎性渗出物，滑膜附有疏松的纤维素性絮片。患病数周的关节滑膜层由于绒毛样增生而变粗糙。

（3）**结膜炎型**　眼观病变和临床所见相同，组织学变化限于结膜囊和角膜，疾病早期，结膜上皮细胞的胞浆里先出现衣原体的繁殖型初体，然后可见感染型原生小体，滤泡内淋巴细胞增生。

【诊　断】

（1）**病原学检查**　采集血液、脾脏、肺脏和气管分泌物、肠黏膜及肠内容物、流产胎儿及流产分泌物、关节滑液、脑脊髓组织等作为病料。

（2）**染色镜检**　病料涂片或感染鸡胚多日黄液抹片，姬姆萨氏法染色镜检，可发现圆形或卵圆形的病原颗粒，革兰氏染色阴性。

（3）**分离培养**　将病料悬液 0.2 毫升接种于孵化 5～7 天的鸡胚卵黄囊内，感染鸡胚常于 5～12 天死亡，胚胎或卵黄囊表现充血、出血。取卵黄囊抹片镜检，可发现大量原生小体。有些衣原体菌株则需盲传几代，方能检出原生小体。

（4）**动物接种试验**　经脑内、鼻腔或腹腔途径将病料接种于 SPF 小鼠或豚鼠，进行衣原体的增殖和分离。

血清学试验补体结合试验、中和试验、免疫荧光试验等均可用于本病的诊断。本病的症状与布鲁氏菌病、羊弯杆菌病、沙门氏菌病等疾病相似，如欲鉴别，可采用病原学检查和血清学试验。

【预　防】

加强饲养、卫生管理，消除各种诱发因素，防止寄生虫侵袭，避免羊群与鸟类接触，杜绝病原体传入。国内外已研制出用于绵羊、山羊的衣原体疫苗，可用作免疫接种。发生本病时，流产母羊及其所产羔羊应及时隔离。流产胎盘及排出物应予销毁。污染的圈舍、场地等环境用 2%氢氧化钠溶液、5%来苏儿溶液等进行彻底消毒。

【治　疗】

治疗可肌内注射氟苯尼考，20～40 毫克 / 千克体重，每日 1 次，连用 1 周；或肌内注射青霉素，每次 160 万～320 万单位，每日 2 次，连用 3 天。也可将四环素族抗生素混于饲料，连用 1～2 周。

十一、小反刍兽疫防治技术规范

小反刍兽疫（Peste des Petits Ruminants，PPR）是由小反刍兽疫病毒（PPRV）引起的山羊和绵羊的急性接触性传染病。世界动物卫生组织（OIE）将其列为必须报告的动物疫病，我国将其列为一类动物疫病。

【流行病学特点】

小反刍兽疫是一种严重危害山羊和绵羊等小反刍兽的急性接触性传染病，发病率和死亡率高，以发热、口炎、腹泻、肺炎为主要特征。山羊和绵羊是该病的自然宿主，山羊比绵羊更易感且临床症状更为严重，不同品种的山羊易感性也有差异。野山羊、长角大羚羊、东方盘羊、瞪羚羊、岩羊及鹿等野生小反刍动物和亚洲水牛、骆驼等可感染发病，主要流行于非洲西部、中部和亚洲的部分地区。小反刍兽疫病毒不感染人，不属于人兽共患传染病。本病主要通过呼吸道和消化道感染。传播方式主要是通过直接接触传播，患病羊和隐性感染羊的鼻液、粪尿等分泌物和排泄物中含有大量的病毒是主要的传染源，处于亚临床型的病羊尤为危险。与被病毒污染的饲料、饮水、衣物、工具、圈舍和牧场等接触也可发生间接传播，在养殖密度较高的羊群偶尔会发生近距离的气溶胶传播。本病一年四季均可发生，但多雨季节和干燥寒冷季节多发。在疫区，常为零星发生，当易感动物增加时即可发生流行。易感羊群发病率通常达 60% 以上，病死率可达 50% 以上。

【症　状】

本病潜伏期一般为 4～6 天。世界动物卫生组织《陆生动物卫生法典》规定为 21 天。山羊临床症状比较典型，绵羊一般较轻微。主要表现突然发热，体温可达 40～42℃，持续 3～5 天。病初，先是水样鼻液，此后变成大量的黏脓性卡他样鼻液并致使呼吸困难，鼻内膜发生坏死，眼流分泌物，出现眼结膜炎

（图 6–8）。发热症状出现后，口腔内膜轻度充血，继而出现糜烂。初期多在下齿龈周围出现小面积坏死，严重病例迅速扩展到齿垫、腭、颊、乳头及舌等处，坏死组织脱落形成不规则的浅糜烂斑（图 6–9）。多数病羊发生严重腹泻，造成迅速脱水、消瘦。妊娠母羊可发生流产。病羊死亡多集中在发热后期，特急性病例发热后突然死亡（图 6–10）。

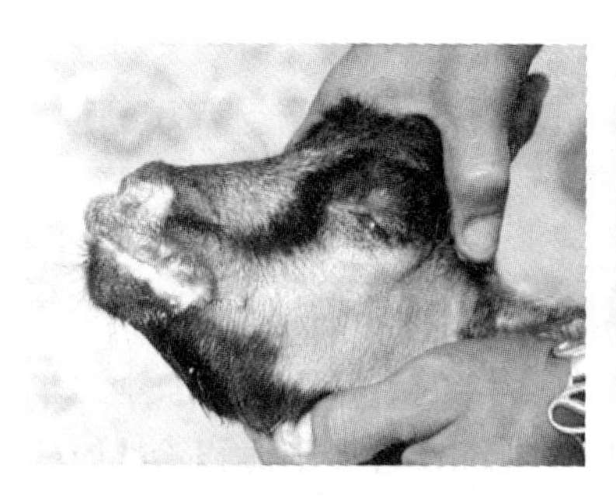

图 6–8　患羊糜烂斑

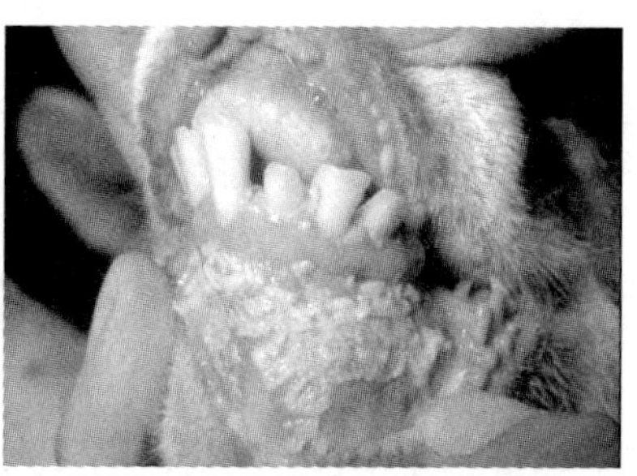

图 6–9　病羊口腔和鼻腔黏膜糜烂坏死

图 6–10　患 病 羊

【病理变化】

剖检病变可见口腔和鼻腔黏膜糜烂坏死。支气管肺炎，肺尖肺炎。有时可见坏死性或出血性肠炎，盲肠、结肠近端和直肠出现特征性条状充血、出血，呈斑马状条纹；淋巴结特别是肠系膜淋巴结水肿，脾脏肿大并可出现坏死病变。组织学上可见肺部组织出现多核巨细胞及细胞内嗜酸性包涵体。

【诊　断】

根据临床症状和病理变化可做出初步诊断，确诊需进一步做实验室诊断。实验室诊断方法有琼脂凝胶免疫扩散试验、病毒中和试验和酶联免疫吸附试验等。病料采集：用棉拭子无菌采集眼睑下结膜分泌物和鼻腔、颊部及直肠黏膜，全血（加肝素抗凝），血清（制取血清的血液样品不冷冻，但要保存在阴凉处）。用于组织病理学检查的样品，可采集淋巴结（尤其是肠系膜和支气管淋巴结）、脾、大肠和肺脏，置于10%甲醛溶液中保存待检。鉴别诊断，应注意与牛瘟、蓝舌病和口蹄疫等相鉴别。

【防　治】

严禁从存在本病的国家或地区引进相关动物。羊舍周围用碘制剂消毒药每天消毒2次。妊娠母羊注射小反刍兽疫活疫苗可以起到一定的预防效果。

由于本病发病急、传染性极强、发病率和致死率高，对此应引起高度重视，切实做好小反刍兽疫的各项防治工作。加强管理，建立健全防疫制度，做好日常饲养管理和消毒工作，切实提高生产安全水平。严禁外来人员和车辆进入圈舍或场区。若外来人员或车辆需进场在进入前应彻底消毒。加强疫情监测排查，及时发现和消除隐患。强化活羊调运监管，严禁从疫区引进羊只。对外来羊只尤其是来源于活羊交易市场的羊调入后必须隔离观察30天以上，确认健康无病后方可混群饲养。一旦发生疫情或疑似疫情，要迅速启动应急机制，严格按照《中华人民共和国动物防疫法》《小反刍兽疫防控应急预案》和《小反刍兽疫防治技术规范》等有关规定要求，采取紧急、强制性的控制和扑灭措施，依法果断处置。

第七章

羊寄生虫病防治技术

一、螨　病

羊的一种慢性寄生性皮肤病，由疥螨和痒螨寄生在体表而引起的，短期内可引起羊群严重感染，危害严重。

【病　原】

疥螨寄生于皮肤角化层下，虫体在隧道内不断发育和繁殖。成虫体长0.2～0.5毫米，肉眼不易看见。痒螨寄生在皮肤表面，虫体长0.5～0.9毫米，长圆形，肉眼可见。

【症　状】

病初，虫体刺激神经末梢，引起剧痒，羊不断在圈墙、栏柱等处摩擦；在阴雨天气、夜间、通风不好的圈舍会随着病情的加重，痒觉表现更加剧烈，继而皮肤出现丘疹、结节、水疱，甚至脓疱（图7–1）；以后形成痂皮和龟裂。特别是绵羊患疥螨病时，病变主要局限于头部，病变处如干涸的石灰。绵羊感染痒螨后，可见患部有大片被毛脱落（图7–2）。患

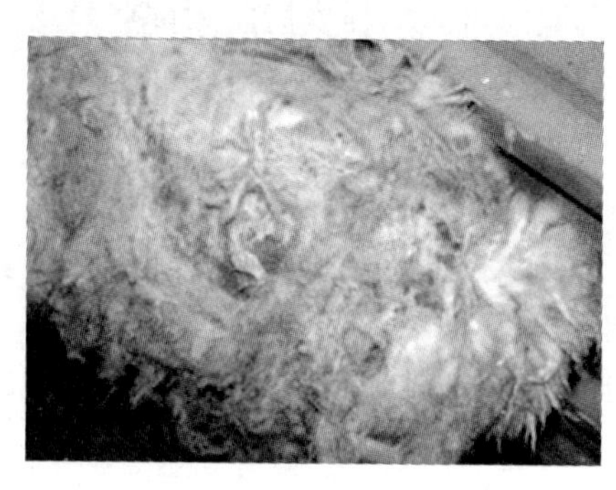

图7–1　羊疥螨

图 7-2　羊局部疥螨感染

羊因终日啃咬和摩擦患部，烦躁不安，影响采食和休息，日渐消瘦，最终可极度衰竭而死亡。

【发病特点】

主要发生于冬季和秋末春初。发病时，疥螨病一般始于羊皮肤柔软且短毛的部位，如嘴唇、口角、鼻面、眼圈及耳根部，以后皮肤炎症逐渐向周围蔓延；痒螨病则起始于被毛稠密和温度、湿度比较恒定的皮肤部分，如绵羊多发生于背部、臀部及尾根部，以后才向体侧蔓延。

【防　治】

涂药疗法适合于病羊数量少，患部面积小，并可在任何季节使用，但每次涂擦面积不得超过体表的 1/3。涂药用克辽林擦剂（克辽林 1 份、软肥皂 1 份、酒精 8 份，调和即成）、5%敌百虫溶液（来苏儿 5 份，溶于温水 100 份中，再加入 5 份敌百虫配成）。药浴疗法适用于病羊数量多且气候温暖的季节，药浴液用 0.5%～1%敌百虫溶液，0.05%辛硫磷乳油溶液。

二、肠道线虫病

【病　因】

羊通过采食被污染的牧草或饮水而感染。

【症　状】

羊消化道线虫感染的临床症状以贫血、消瘦、腹泻便秘交替和生产性能降低为主要特征。表现为患病动物结膜苍白、下颌间和下腹部水肿，便稀或便秘，体质瘦弱，严重时造成死亡（图 7–3、图 7–4）。

图 7–3　羊捻转血矛线虫

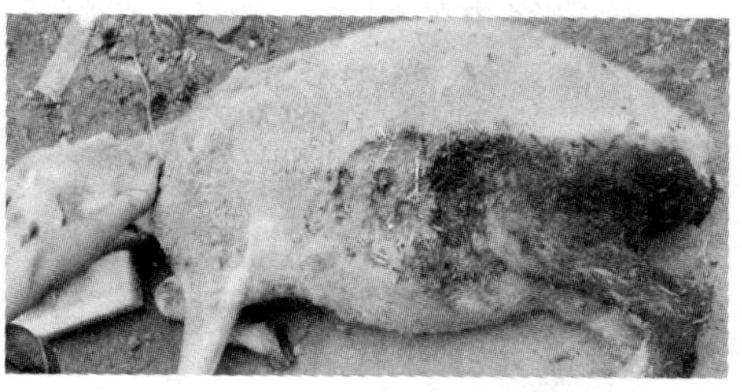

图 7–4　寄生虫性顽固性腹泻

【预　防】

①加强饲养管理及卫生消毒工作。

②进行计划性驱虫。

③进行药物预防。可用噻苯达唑进行药物预防。

【治　疗】

①丙硫咪唑，按 5～20 毫克 / 千克体重，口服。

②吩噻嗪，按 0.5～1 毫克 / 千克体重，混入稀面糊中或用面粉做成丸剂使用。

③噻苯唑，按 50～100 毫克 / 千克体重，口服。对成虫和未成熟虫体都有良好的驱除效果。

④驱虫净，按 10～15 毫克 / 千克体重，配制成 5% 的水溶液灌服。

三、绦 虫 病

本病分布很广，能引起羔羊的发育不良，甚至死亡。

【病　原】

本病的病原为绦虫，比较常见的有扩展莫尼茨绦虫和贝氏莫尼茨绦虫。是一种长带状而由许多扁平体节组成的蠕虫，寄生在羊的小肠中，羊放牧时吞食含有绦虫卵的地螨而引起感染。

【症　状】

感染绦虫的病羊一般表现为食欲减退、饮欲增加、精神不振、虚弱、发育迟滞，严重时病羊腹泻，粪便中混有成熟绦虫节片，病羊迅速消瘦、贫血，有时出现回旋运动或头部后仰的神经症状，有的病羊因虫体成团引起肠阻塞产生腹痛甚至肠破裂，因腹膜炎而死亡。后期经常做咀嚼运动，口周围有许多泡沫，最后死亡（图 7–5）。

图 7–5　粪便中的绦虫节片

【预　防】

①采取圈养的饲养方式，以免羊吞食地螨而感染。

②避免在低湿地放牧，尽可能地避免在清晨、黄昏和雨天放牧，以减少感染。

③定期驱虫，舍饲改放牧前对羊群驱虫，放牧 1 个月内做二次驱虫，1 个月后进行第三次驱虫。

④驱虫后的羊粪便要及时集中堆积发酵或沤肥，至少 2～3 个月才能杀灭虫卵。

⑤经过驱虫的羊群，不要到原地放牧，及时地转移到清净的安全牧场，可有效地预防绦虫病的发生。

【治　疗】

①丙硫咪唑，15～20 毫克 / 千克，内服。

②苯硫咪唑，60～70 毫克 / 千克，内服。

③硝氯酚，3～4 毫克 / 千克，内服（肝片吸虫病）。

④三氯苯唑（肝蛭净），10～12 毫克 / 千克，内服（肝片吸虫病）。

⑤硫溴酚（蛭得净），10～12 毫克 / 千克，内服（肝片吸虫病）。

⑥氯硝柳胺，75～80 毫克 / 千克，内服（前后盘吸虫）。

四、焦 虫 病

【病　原】

焦虫病是由蜱传播的，这种病是一种季节性很强的地方性流行病。

【症　状】

病羊精神沉郁，食欲减退或废绝，体温升高到 40～42℃，呈稽留热型。呼吸促迫，喜卧地。反刍及胃肠蠕动减弱或停止。初期便秘，后期腹泻，粪便带血丝。羊尿浑浊或血尿。可视黏膜充血、部分有眼眵，继而出现贫血和轻度黄疸，中后期病羊高度贫血、血液稀薄，结膜苍白。肩前淋巴结肿大，有的颈下、胸前、腹下及四肢发生水肿（图 7–6、图 7–7）。

图 7–6　血液寄生虫引起的消瘦，淋巴肿胀

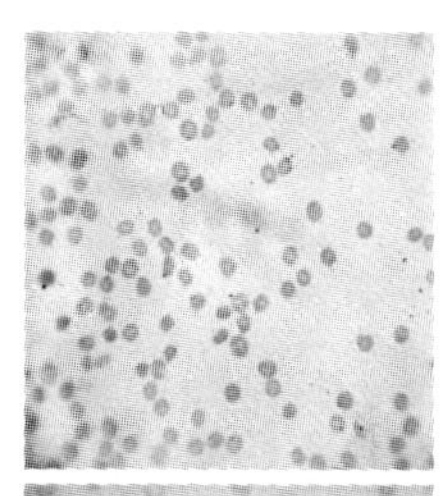

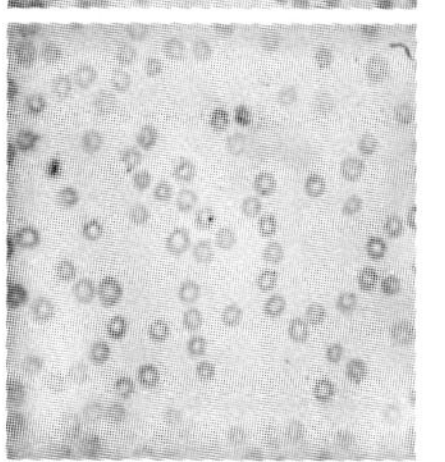

图 7–7　血细胞异常

【预　防】

①在秋、冬季节，应搞好圈舍卫生，消灭越冬硬蜱的幼虫；春季刷拭羊体时，要注意观察和抓蜱。可向羊体喷洒 1% 敌百虫溶液。

②加强检疫，不从疫区引进羊，新引进羊要隔离观察，严格把好检疫关。

③在流行地区，于发病季节前，每隔 15 天用贝尼尔预防注射 1 次，按 2 毫克 / 千克体重配制成 7%注射液肌内注射。

【治　疗】

①贝尼尔（三氮咪，血虫净），3.5～3.8 毫克 / 千克体重，配制成注射液，分点深部肌内注射，1 次 /1～2 天，连用 2～3 次；

②阿卡普林（硫酸喹啉脲），0.6～1 毫克 / 千克体重，配制

成5%注射液，分2～3次间隔数小时皮下或肌内注射，1次/天，连用2～3天。

③对症治疗，强心、补液、缓泻、灌肠等。

五、羊鼻蝇蛆病

是羊鼻蝇幼虫寄生在羊的鼻腔或额窦里，并引起慢性鼻炎的一种寄生虫病。

【症　状】

患羊表现为精神萎靡不振，可视黏膜淡红，鼻孔有分泌物，摇头、打喷嚏，运动失调，头弯向一侧旋转或发生痉挛、麻痹，听、视力降低，后肢举步困难，有时站立不稳，跌倒而死亡。

【发病特点】

羊鼻蝇成虫多在春、夏、秋出现，尤以夏季为多。成虫在6～7月份开始接触羊群，雌虫在牧地、圈舍等处飞翔，钻入羊鼻孔内产幼虫。经三期幼虫阶段发育成熟后，幼虫从深部逐渐爬向鼻腔，当患羊打喷嚏时，幼虫被喷出，落于地面，钻入土中或羊粪堆内化为蛹，经1～2个月后成蝇。雌雄成蝇交配后，雌虫又侵袭羊群再产幼虫。

【防　治】

用1%～2%敌百虫溶液5～10毫升做鼻腔注入，或用长针头穿刺骨泪泡，注入敌百虫溶液0.1千克/千克体重，或做颈部皮下注射。

第八章

羊常见内科病防治技术

一、食管阻塞

食管阻塞是羊食管被草料或异物所堵塞，以咽下障碍为特征的疾病。

【病　因】

由于过度饥饿的羊吞食了过大的块状饲料，未经咀嚼而吞咽，阻塞于食管造成。

【症　状】

突然发生，病羊采食停止，头颈伸直，伴有吞咽和作呕动作，或因异物吸入气管，引起咳嗽。当阻塞物发生在颈部食管时，局部突起，形成肿块，手触可感觉到异物形状；当发生在胸部食管时，病羊疼痛明显，可继发瘤胃臌气。

【防　治】

阻塞物塞于咽或咽后时，可装上开口器，保定好病羊，用手直接掏取，或用铁丝圈套取。阻塞物在近贲门部时，可先将2%普鲁卡因溶液5毫升、液状石蜡30毫升混合，用胃管送至阻塞物部位，然后再用硬质胃管推送阻塞物进入瘤胃。当阻塞物易碎、表面圆滑且阻塞于颈部食管时，可在阻塞物两侧皮肤上垫上布鞋底，将一侧固定，在另一侧用木槌打砸，使其破碎，从而咽入瘤胃。

二、前胃弛缓

前胃弛缓是前胃兴奋性和收缩力降低的疾病。

【病　因】

原发于长期饲喂粗硬难以消化的饲草。突然更换饲养方法，供给精料过多，运动不足等；饲料品质不良，霉败冰冻，虫蛀染毒；长期饲喂单调缺乏刺激性的饲料，继发于瘤胃臌气、瘤胃积食、肠炎和其他疾病等。

【症　状】

急性前胃弛缓表现食欲废绝，反刍停止，瘤胃蠕动力量减弱或停止；瘤胃内容物腐败发酵，产生多量气体，左腹增大，叩触不坚实。慢性前胃弛缓病羊表现精神沉郁，倦怠无力，喜卧地；被毛粗乱；体温、呼吸、脉搏无变化，食欲减退，反刍缓慢；瘤胃蠕动力量减弱，次数减少。诊断中必须区别该病是原发性还是继发性。

【防　治】

首先应消除病因，采用饥饿疗法，或禁食 2～3 次，然后供给易消化的饲料等。

治疗：①先投泻药，兴奋瘤胃蠕动，防腐止酵。成年羊可用硫酸镁 20～30 克或人工盐 20～30 克、液状石蜡 100～200 毫升、番木鳖酊 2 毫升、大黄酊 10 毫升，加水 500 毫升，一次灌服。10%氯化钠注射液 20 毫升、生理盐水 100 毫升、10%氯化钙注射液 10 毫升，混合后一次静脉注射。也可用酵母粉 10 克、红糖 10 克、酒精 10 毫升、陈皮酊 5 毫升，混合加水适量，灌服。瘤胃兴奋剂，可用 2%毛果芸香碱注射液 1 毫升，皮下注射。②防止酸中毒。可灌服碳酸氢钠 10～15 克。

三、瘤胃积食

瘤胃积食是瘤胃充满多量饲料，致使胃体积增大，食糜滞留在瘤胃引起严重消化不良的疾病。

【病　因】

羊吃了过多的质量不良、粗硬易膨胀的饲料，如块根类、豆饼、霉败饲料等，或采食干料而饮水不足等。当前胃弛缓、瓣胃阻塞、创伤性网胃炎、腹膜炎、真胃炎、真胃阻塞等也可导致瘤胃积食的发生。

【症　状】

发病较快，采食反刍停止，病初不断嗳气，随后嗳气停止，腹痛摇尾，或后蹄踏地，拱背，咩叫，病后期精神萎靡，病羊呆立，不吃、不反刍，鼻镜干燥，耳根发凉，口出臭气，有时腹痛用后蹄踢腹，排粪量少而干黑，左肷窝部臌胀。

【防　治】

应消导下泻，止酵防腐，纠正酸中毒，健胃补充体液。

①消导下泻，可用液状石蜡 100 毫升、人工盐 50 克或硫酸镁 50 克、芳香氨醑 10 毫升，加水 500 毫升，一次灌服。

②解除酸中毒，可用 5%碳酸氢钠注射液 100 毫升灌入输液瓶，另加 5%葡萄糖注射液 200 毫升，静脉一次注射；或用 11.2%乳酸钠注射液 30 毫升，静脉注射。

③防止酸中毒，可用 2%石灰水洗胃，洗胃后灌服健康羊的瘤胃液体，食醋 100～200 毫升，一次内服。

四、急性瘤胃臌气

急性瘤胃臌气是羊胃内饲料发酵，迅速产生大量气体导致的疾病。多发生于春末夏初放牧的羊群。

【病　因】

羊吃了大量易发酵的饲料而致病。采食霜冻饲料、酒糟或霉败变质的饲料，也易发病；冬、春两季给妊娠母羊补饲，群羊抢食，羊抢食过量可发生瘤胃臌气；秋季绵羊易发肠毒血症，也可出现急性瘤胃臌气；每年剪毛季节若发生肠扭转也可致瘤胃臌气。

【症　状】

初期病羊表现不安，回顾腹部，拱背伸腰，肷窝突起，有时左、右肷窝向外突出高于髋结节或背中线；反刍和嗳气停止。黏膜发绀，心跳增快，呼吸困难，严重者张口呼吸，步态不稳，如不及时治疗，迅速发生窒息或心脏停搏而死亡。

【防　治】

采取胃管放气，防腐止酵，清理胃肠。

①可插入胃导管放气，缓解腹压；或用5%碳酸氢钠溶液1 500毫升洗胃，以排出气体及胃内容物。

②用液状石蜡100毫升、鱼石脂2克、酒精10毫升，加水适量，一次灌服；或用氧化镁30克，加水300毫升，或用8%氢氧化镁混悬液100毫升灌服。

③必要时可行瘤胃穿刺放气，方法是在左肷部剪毛，消毒；然后用兽用16号穿刺针刺破皮肤，插入瘤胃放气。在放气中要紧压腹壁使腹壁紧贴瘤胃壁，边放气边下压，以防胃液漏入腹腔引起腹膜炎。

五、瓣胃阻塞

瓣胃阻塞又称瓣胃秘结，中兽医称为“百叶干”，是由于羊瓣胃收缩力量减弱，食糜排出不充分，通过瓣胃的食糜积聚，充满于瓣叶之间，水分被吸收，内容物变干而致病。其临床特征为瓣胃容积增大、坚硬，腹部胀满，不排粪便。

【病　因】

本病主要是饲喂过多秕糠、粗纤维饲料而饮水不足所引起；或饲料和饮水中混有过多泥沙，使泥沙混入食糜，沉积于瓣胃瓣叶之间而发病。

瓣胃阻塞还可继发于前胃弛缓、瘤胃积食、皱胃阻塞和皱胃与腹膜粘连等疾病。

【症　状】

病的初期与前胃弛缓症状相似，瘤胃蠕动减弱，瓣胃蠕动消失，可继发瘤胃臌气和瘤胃积食。排粪干少，色泽暗黑，后期排粪停止。触压病羊右侧7～9肋间，肩关节水平线，羊表现痛苦不安，有时可以在右肋骨弓下摸到阻塞的瓣胃。如病程延长，瓣胃小叶发炎或坏死，常可继发败血症，可见病羊体温升高，呼吸和脉搏加快，全身衰弱，卧地不起，最后死亡（图8–1）。

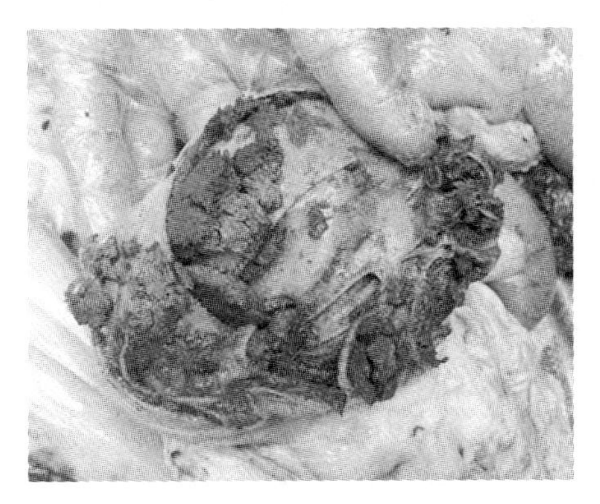

图8–1　羊瓣胃干结阻塞

【诊　断】

根据病史和临床表现，如病羊不排粪，瓣胃区敏感，瓣胃区扩大，坚硬等，即可确诊。

【预　防】

避免给羊过多饲喂秕糠和坚韧的粗纤维饲料，防止导致前胃

弛缓的各种不良因素。注意运动和饮水，增进消化功能，防止本病的发生。

【治　疗】

①病的初期可用硫酸钠或硫酸镁 80～100 克，加水 1 500～2 000 毫升，一次内服；或液状石蜡 500～1 000 毫升，一次内服。同时，静脉注射促反刍注射液 200～300 毫升，增强前胃神经兴奋性，促进前胃内容物的运转与排除。

②对顽固性瓣胃阻塞，可用瓣胃注射疗法。具体方法是：于右侧第九肋间隙和肩关节水平线交界处，选用 12 号 7 厘米长针头，向对侧肩关节方向刺入约 4 厘米深，刺入后可先注入 20 毫升生理盐水，感到有较大压力，并有草渣流出，表明已刺入瓣胃，然后注入 25% 硫酸镁溶液 30～40 毫升，液状石蜡 100 毫升（交替注入瓣胃），于第二日再注射 1 次。瓣胃注射后，可用 10% 氯化钙注射液 10 毫升、10% 氯化钠注射液 50～100 毫升、5% 糖盐水 150～300 毫升，混合，一次静脉注射。待瓣胃松软后，皮下注射 0.1% 氨甲酰胆碱注射液 0.2～0.3 毫升，兴奋胃肠蠕动功能，促进积聚物排出。

③内服中药。大黄 9 克、枳壳 6 克、牵牛子 9 克、槟榔 3 克、当归 12 克、白芍 2.5 克、番泻叶 6 克、续随子 3 克、栀子 2 克。煎水，一次内服。

六、真胃阻塞

真胃阻塞是真胃内积满多量食糜，使胃壁扩张，体积增大，胃粘膜及胃壁发炎，食物不能进入肠道所致。

【病　因】

因羊的消化功能紊乱，胃肠分泌、蠕动功能降低造成；或者因长期饲喂细碎的饲料；也见于因迷走神经分支损伤，创伤性网胃炎使肠与真胃粘连，幽门痉挛，幽门被异物或毛球阻塞

等所致。

【症　状】

病程较长，初期似前胃弛缓症状，病羊食欲减退，排粪量少，以至停止排粪，粪便干燥，其上附有多量黏液或血丝；右腹真胃区增大，真胃充满液体，冲击真胃区可感觉到坚硬的真胃体。

【防　治】

先给病羊输液，可试用25%硫酸镁溶液50毫升、甘油30毫升，生理盐水100毫升，混合做真胃注射；10小时后，可选用胃肠兴奋药，如氨甲酰胆碱注射液，少量多次皮下注射。

七、胃肠炎

胃肠炎是胃肠黏膜及其深层组织的出血性或坏死性炎症。

【病　因】

采食了大量冰冻或发霉的饲草、饲料，或饲料中混有化肥或具有刺激性的药物也可致病。

【症　状】

病羊食欲废绝，口腔干燥发臭，舌面覆有黄白苔，常伴有腹痛。肠音初期增强，以后减弱或消失，不断排稀便或水样粪便，气味腥臭或恶臭，粪中混有血液及坏死的组织片。由于腹泻，可引起脱水。

【防　治】

口服磺胺脒4～8克、碳酸氢钠3～5克；或用青霉素40万～80万单位、链霉素50万单位，一次肌内注射，连用5天。脱水严重的宜输液，可用5%葡萄糖注射液150～300毫升、10%樟脑磺酸钠注射液4毫升、维生素C注射液100毫克混合，静脉注射，每日1～2次。也可用土霉素或四环素0.5克，溶解于生理盐水100毫升中，静脉注射。

八、瘤胃酸中毒

羊饲喂精饲料可增膘，但精粗比例失调，精饲料（如玉米、蚕豆、豌豆、大麦、稻谷、麸皮等）喂量过多就会适得其反，容易引起羊瘤胃酸中毒。在临床实践中，在有效消除病因的基础上，经采取一系列的综合治疗措施，均可取得良好的疗效。

【症　状】

羊瘤胃酸中毒，急性发作病羊，一般喂料前食欲、泌乳正常，喂料后羊不愿走动，行走时步态不稳，呼吸急促、气喘，心跳增速，常于发病的3～5小时内死亡。死前张口吐舌，甩头蹬腿，高声咩叫，从口内流出泡沫样含血液体。

发病较缓病羊，病初兴奋摔头，后转为沉郁，食欲废绝，目光无神，眼结膜充血，眼窝下陷，呈现严重脱水症状；部分母羊产羔后瘫痪卧地、呻吟、流涎、磨牙、眼睑闭合，呈昏睡状态，左腹部臌胀、用手触之，感到瘤胃内容物较软，犹如面团，多数病羊体温正常，少数病羊发病初期或后期体温稍有升高。大部分病羊表现口渴，喜饮水，尿少或无尿，并伴有腹泻症状（图8–2）。

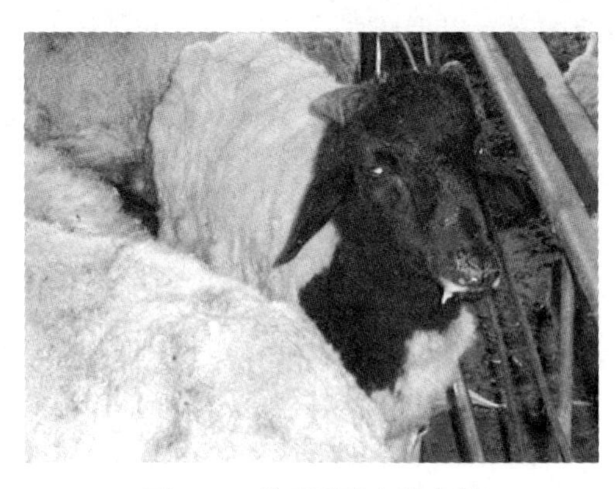

图8–2　羊瘤胃酸中毒症状

【预 防】

羊瘤胃酸中毒最有效的预防方法是精饲料（特别是谷物类饲料）饲喂量不可超过各类羊的饲养标准，对易于发病的产前、产后母羊或哺乳母羊，应多喂品质优良的青干饲料，混合精饲料喂量每顿不宜超过500克，对急需补喂多量精饲料增膘或催奶的母羊，日粮中可按补喂精饲料总量混合2%碳酸氢钠饲喂。

【治 疗】

①静脉注射生理盐水或5%糖盐水500～1000毫升。

②静脉注射5%碳酸氢钠注射液20～30毫升。

③肌内注射抗生素类药物。

④当患羊表现兴奋甩头等症状时，可用20%甘露醇注射液或25%山梨醇注射液25～30毫升给羊静脉滴注，使羊安静。

⑤当患羊中毒症状减轻时，脱水症状缓解，仍卧地不起患羊，可静脉注射10%葡萄糖酸钙注射液20～30毫升。

第九章
羊其他常见病防治技术

一、流　产

流产又称为妊娠中断，是指由于胎儿或母体的生理过程发生紊乱，或它们之间的正常关系受到破坏，而导致的妊娠中断。

【病因及分类】

流产的类型极为复杂，可以概括分为3类，即传染性流产、寄生虫性流产和普通流产（非传染性流产或散发性流产）。

（1）传染性和寄生虫性流产　传染性和寄生虫性流产主要是由布鲁氏菌病、沙门氏菌病、绵羊胎儿弯杆菌病、衣原体病、支原体病、边界病等传染病及寄生虫病引起的流产。这些传染病往往是侵害胎盘及胎儿引起自发性流产，或以流产作为一种症状，而发生症状性流产。

（2）普通流产（非传染性流产）　普通流产又有自发性流产和症状性流产。自发性流产主要是胚胎或胎盘胎膜异常导致的流产，是由内因引起；症状性流产主要是由于饲养管理利用不当，损伤及医疗错误引起的流产，属于外因造成的流产。

【诊　断】

引起流产的原因很多，各种流产的症状也有所不同。除了个别病例的流产在刚一出现症状时可以试行抑制以外，大多数流产一旦有所表现，往往无法阻止。尤其是群牧羊只，流产常常是成

批的，损失严重。因此，在发生流产时，除了采用适当治疗方法，以保证母羊及其生殖道的健康以外，还应对整个羊群的情况进行详细调查分析，观察排出的胎儿及胎膜，必要时采样进行实验室检查，尽量做出确切的诊断，然后提出有效的具体预防措施。

调查材料应包括饲养放牧条件及制度（确定是否为饲养性流产）；管理及生产情况，是否受过伤害、惊吓，流产发生的季节及天气变化（损伤性及管理性流产）；母羊是否发生过普通病、羊群中是否出现过传染性及寄生虫性疾病；以及治疗情况如何，流产时的妊娠月份，母羊的流产是否带有习惯性等。

对排出的胎儿及胎膜，要进行细致观察，注意有无病理变化及发育反常（图 9-1）。在普通流产中，自发性流产表现有胎膜上的反常及胎儿畸形；霉菌中毒可以使羊膜发生水肿、皮革样坏死，胎盘也水肿、坏死并增大。由于饲养管理不当、损伤及母羊疾病、医疗事故引起的流产，一般都看不到明显变化。有时正常出生的胎儿，胎膜上出现有钙化斑等异常变化。

传染性及寄生虫性因素引起的流产，胎膜及（或）胎儿常有病理变化。例如，因布鲁氏菌病引起流产的胎膜及胎盘上常有棕黄色黏脓性分泌物，胎盘坏死、出血，羊膜水肿并有皮革样的坏死区；胎儿水肿，胸、腹腔内有淡红色的浆液等。上述流产后常

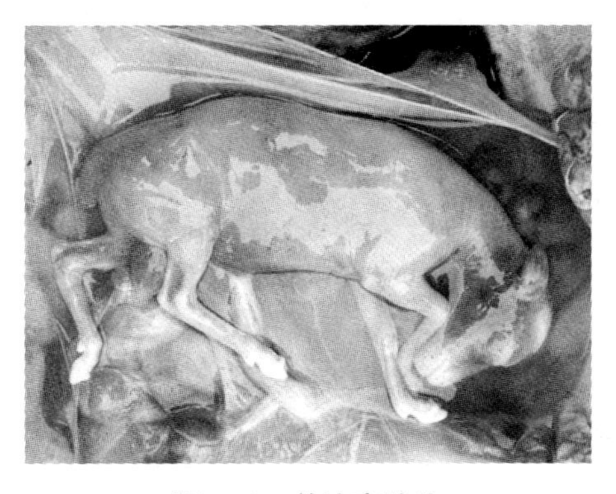

图 9-1　羊流产胎儿

发生胎衣不下。具有这些病理变化时，应将胎儿（不要打开，以免污染）、胎膜及子宫或阴道分泌物送实验室诊断检验，有条件时应对母羊进行血清学检查。症状性流产，则胎膜及胎儿没有明显的病理变化。对于传染性的自发性流产，应将母羊的后躯及所污染的地方彻底消毒，并将母羊隔离饲养。

【预　防】

加强饲养管理，增强母羊营养，除去容易造成母羊流产的因素是预防的关键。当发现母羊有流产预兆时，应及时采取制止阵缩及努责的措施，可注射镇静药物，如苯巴比妥、水合氯醛、黄体酮等进行保胎。用疫苗进行免疫，特别是可引起流产的传染病疫苗。

制定一个生物安全方案，引进的羊群在归群之前，隔离1个月；保持好的身体状况，提供充足的饲料，高质量的维生素矿物质盐混合物，帮助羊体储备一些能量和蛋白质，以备紧急情况下使用；在流行地区分娩前4个月和2个月分别免疫衣原体和弧菌病（可能还有其他疾病），如果以前免疫过，免疫1次即可；妊娠期间，饲喂四环素（200～400毫克/天），将药物混在矿物质混合物中。

避免与牛和猪接触，饲料和饮水不被粪尿污染，不要将饲料放到地上，减少鼠、鸟和猫的数量。发生流产后，立即将胎儿的样品（包括胎盘）送往诊断实验室诊断。将自产的羔羊和买来的母羊与其他羊分开饲养。发生流产后立即做出反应（诊断、处理流产组织，隔离流产母羊，治疗其他羊只），使羊群尽量生活在一个干净、应激少、宽松的环境。

【治　疗】

首先应确定造成流产的原因，以及能否继续妊娠，再根据症状确定治疗方案。

（1）先兆流产　妊娠母羊出现腹痛、起卧不安、呼吸脉搏加快等临床症状，即可能发生流产。处理的原则为安胎，使用抑制

子宫收缩药，为此可采取如下措施。

肌内注射孕酮。10～30毫克，每日或隔日1次，连用数次。为防止习惯性流产，也可在妊娠的一定时间使用孕酮。还可注射1%硫酸阿托品注射液1～2毫升。

同时，要给以镇静药，如溴剂等。此时禁止进行阴道检查，以免刺激母羊。

如经上述处理，病情仍未稳定下来，阴道排出物继续增多，起卧不安加剧；即进行阴道检查，如子宫颈口已经开放，胎囊已进入阴道或已破水，流产已难避免，应尽快促使子宫排出内容物，以免死亡胎儿腐败引起母羊子宫内膜炎，影响以后繁殖性能。

如子宫颈口已经开大，可用手将胎儿拉出。流产时，胎儿的位置及姿势往往反常，如胎儿已经死亡，矫正遇有困难，可以行使截胎术。如子宫颈口开张不大，手不易伸入。可参考人工引产中所介绍的方法，促使子宫颈开放，并刺激子宫收缩，对于早产胎儿，如有吮乳反射，可尽量加以挽救，帮助吮乳或人工喂奶，并注意保暖。

（2）**延期流产**　如胎儿发生干尸化，可先用前列腺素或类似物制剂，前列腺素肌内注射0.5毫克或氯前列烯醇肌内注射0.1毫克；继之或同时应用雌激素，溶解黄体并促使子宫颈扩张。同时，因为产道干涩，应在子宫及产道内涂以润滑剂，以便子宫内容物易于排出。

对于干尸化胎儿，由于胎儿头颈及四肢蜷缩在一起，且子宫颈开放不大，必须用一定力量或预先截胎才能将胎儿取出。

如胎儿浸溶，软组织已基本液化，须尽可能将胎骨逐块取净。分离骨骼有困难时，须根据情况先将它破坏后再取出。操作过程中，术者须防止自己受到感染。

取出干尸化及浸溶胎儿后，因为子宫中留有胎儿的分解组织，必须用消毒液或5%盐水等，冲洗子宫，并注射子宫收缩药，促使液体排出。对于胎儿浸溶，因为有严重的子宫炎及全身变化，必须在子宫内放入抗生素，并须特别重视全身抗生素治疗，以免造成不育。

二、难　产

【病　因】

难产的发病原因比较复杂，基本上可以分为普通病因和直接病因两大类。普通病因指通过影响母体或胎儿而使正常的分娩过程受阻。引起难产的普通病因主要包括遗传因素、环境因素、内分泌因素、饲养管理因素、传染性因素及外伤因素等。直接病因指直接影响分娩过程的因素。由于分娩的正常与否主要取决于产力、产道及胎儿3个方面，因此难产按其直接原因可以分为产力性难产、产道性难产及胎儿性难产3类，其中前两类又可合称为母体性难产（图9–2）。

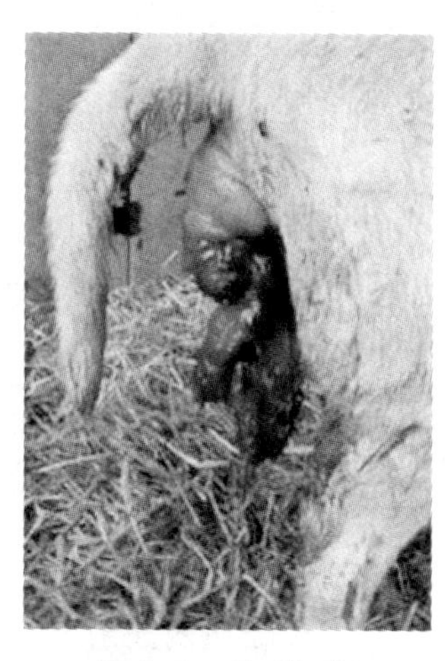

图9–2　羊 难 产

【助产的基本原则】

在手术助产时，必须遵循以下基本原则。

（1）**及早发现，果断处理**　当发现难产时，应及早采取助产措施。助产越早，效果越好。难产病例均应做急诊处理，手术助产越早越好，尤其是剖宫产术。

（2）**术前检查，拟订方案**　术前检查必须周密细致，根据检查结果，结合设备条件，慎重考虑手术方案的每个步骤及相应的保定、麻醉等，通常的保定是使母羊成为前低后高或仰卧（有时）姿势，把胎儿推回子宫内进行矫正，以便操作。

（3）**如果胎膜未破，最好不要弄破胎膜进行助产**　如胎儿的姿势、方向、位置复杂时，就需要将胎膜穿破，及时进行助产。在胎膜破裂时间较长，产道变干，就需要注入液状石蜡或其他油类，以利于助产手术的进行。

（4）**注意尽量保护母羊生殖道受到最小损伤**　将刀子、钩子等尖锐器械带入产道时，必须用手保护好，以免损伤产道。进行手术助产时，所有助产动作都不要过于粗鲁。一般来说，只要不是胎儿过大或母体过度疲乏，仅仅需要将胎儿向内推，矫正反常部分，即可自然产出。如果需要人力拉出，也应缓缓用力，使胎儿的拉出与自然产出一样。同时，重视发挥集体力量。

【助产准备】

（1）**术前检查**　询问羊分娩的时间，是初产或经产，看胎膜是否破裂，有无羊水流出，检查全身状况。

（2）**保定母羊**　一般使羊侧卧，保持安静，前躯低、后躯稍高，以便矫正胎位。

（3）**消毒**　对手臂、助产用具进行消毒；对外阴部，用1∶5000新洁尔灭溶液进行清洗。

（4）**产道检查**　注意产道有无水肿、损伤、感染，产道表面干燥和湿润状态。

（5）**胎位、胎儿检查**　确定胎位是否正常，判断胎儿死活。胎儿正产时，手入阴道可摸到胎儿嘴巴、两前肢、两前肢中间夹着胎儿的头部；当胎儿倒生时，手入产道可发现胎儿尾巴、臀部、后肢及脐动脉。以手指压迫胎儿，如有反应表示胎儿尚活。

（6）**助产的方法**　常见难产部位有头颈侧弯、头颈下弯、前肢腕关节屈曲、肩关节屈曲、肘关节屈曲、胎儿下位、胎儿横向和胎儿过大等；可按不同的异常产位将其矫正，然后将胎儿拉出产道（图9-3）。多胎羊只，应注意怀羔数目，在助产中认真检查，直至将全部胎儿产出为止。

（7）**剖官产**　子宫颈开不全或子宫颈闭锁．胎儿不能产出。

图 9–3　羊的助产

或骨骼变形，致使骨盆腔狭窄，胎儿不能正常通过产道，在此情况下，可进行剖宫产术，急救胎儿，保护母羊安全。

（8）**阵缩及努责微弱的处理**　可皮下注射垂体后叶素或麦角碱注射液 1～2 毫升。必须注意，麦角制剂只限于子宫颈完全开张，胎势、胎位及胎向正常时方可使用，否则易引起子宫破裂。

羊怀双羔时，可遇到双羔同时各将一肢伸出产道，形成交叉。由此形成的难产，应分清情况，可触摸腕关节确定前肢，触摸跗关节确定后肢。确定难产羔羊体位后，可将一只羔羊的肢体推回腹腔，先整顺一只羔羊的肢体，将其拉出产道。随后再将另一只羔羊的肢体整顺拉出。切忌将两只羔羊的不同肢体，误认为同一只羔羊的肢体，施行助产。

【剖宫产】

剖宫产术是在发生难产时，切开腹壁及子宫壁面从切口取出胎儿的手术。必要时山羊和绵羊均可施行此术。如果母羊全身情况良好，手术及时，则有可能同时救活母羊和胎儿。

剖宫产术主要在发生以下情况时采用：无法纠正的子宫扭转，子宫颈管狭窄或闭锁，产道内有妨碍截胎的赘瘤或骨盆因骨折而变形，骨盆狭窄（手无法伸入）及胎位异常等情况。

但在有腹膜炎、子宫炎和子宫内有腐败胎儿，母羊因为难产时间长久而十分衰竭时，严禁进行剖宫产。

（1）**术前准备**

在右肷部手术区域（由髋结节到肋骨弓处）剪毛、剃光，然后用温肥皂水洗净擦干。保定消毒，使羊卧于左侧保定，用碘酊消毒皮肤，然后盖上手术巾，准备施行手术。麻醉，可以采用合并麻醉或电针麻醉。合并麻醉是口服酒精做全麻，同时对术区进行局麻。口服的酒精应稀释成40%，每10千克体重按35～40毫升计算（也可用白酒，用量相同）。局麻是用0.5%普鲁卡因注射液沿切口做浸润麻醉，用量根据需要而定。电针麻醉，取穴百会及六脉。百会穴接阳极，六脉穴接阴极。诱导时间为20～40分钟。针感表现是腰臀肌颤动，肋间肌收缩。

（2）**手术过程**

①开腹　沿腹内斜肌纤维的方向切开腹壁。切口应距离髋结节10～12厘米。在切开线上的血管用钳夹法和结扎法进行止血。显露腹腔后，术者手经切口伸入腹腔内，探查胎儿的位置及与切口最近的部位，以确定子宫切开的方法。

②显露子宫　术者手经切口向骨盆方向入手，找到大网膜的网膜上隐窝，用手拉着网膜及其网膜上隐窝内的肠管，向切口的前方牵引，使网膜及肠管移入切口前方，并用生理盐水纱布隔离，以防网膜和肠管向后移位，此时切口内可充分显露子宫及其子宫内的胎儿。当网膜不能向前方牵引时，可将大网膜切开，再用生理盐水纱布将肠管向前方隔离后，显露子宫。

③切开子宫　术者将手伸入腹腔，转动子宫，使孕角的大弯靠近腹壁切口。然后切开子宫角，并用剪刀扩大切口长度。切开子宫角时，应特别注意，不可损伤子叶和分布到子叶去的大血管。为了确定子叶的位置，在切开子宫时，要始终用手指伸入子宫来触诊子叶。对于出血很多的大血管，要用肠线缝合或结扎。

④吸出胎水　在术部铺一层消毒的手术巾，以钳子夹住胎膜，在上面做一个很小的切口，然后插入橡皮管，通过橡皮管用橡皮球或大注射器吸出羊水和尿水。

⑤拉出胎儿　待羊水放完后，术者手伸入子宫腔内，抓住胎儿的肢体，缓慢地向子宫切口外拉出，拉出胎儿需术者与助手相互配合好，严防在拉出胎儿时导致子宫壁的撕裂，严防肠管脱出腹腔外。在胎儿从子宫内拉出的瞬间，告诉在场的人员用两手掌压迫右腹部以增大腹内压，以防胎儿拉出后由于腹内压的突然降低而引起脑贫血、虚脱等意外情况的发生。拉出胎儿后，若胎儿还存活，交畜主去护理。术者与助手立即拎起子宫壁切口，剥离胎膜，并尽量将胎膜剥离下来，若胎膜与子宫壁结合紧密不好剥离时，也可不剥离。用生理盐水冲洗子宫壁及子宫腔，除去子宫腔内的血凝块及胎膜碎片，冲洗子宫壁上的污物后，向子宫腔内撒入青霉素、链霉素，进行子宫壁切口的缝合（图 9–4）。

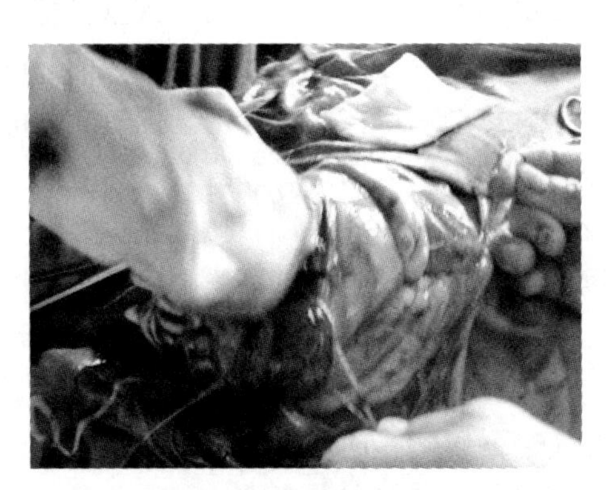

图 9–4　羊的剖宫产

对于拉出的胎儿，首先要除去口、鼻内的黏液，擦干皮肤。看到发生几次深吸气以后，再结扎和剪断脐带。假如没有呼吸反射，应该在结扎以前用手指压迫脐带，直到脐带的脉搏停止为止。此法配合按压胸部和摩擦皮肤，通常可以引起吸气。在出现吸气之后，剪断脐带，交给其他助手进行处理。

⑥剥离胎衣　在取出胎儿以后，应进行胎衣剥离。剥离往往需要费很多时间，颇为麻烦。但与胎衣留在子宫内所引起的不良

后果相比，还是非常必要而不可省略的操作。

为了便于剥离胎衣，在拉出胎儿的同时，应该静脉注射垂体后叶素或皮下注射麦角碱，如果在子宫腔内注满5%氯化钠溶液，停留1～2分钟，也有利于胎衣的剥离。最后将注射的液体用橡皮管排出来。

⑦冲洗子宫　剥完胎衣之后，用生理盐水将子宫切口的周围充分洗擦干净。如果切口边缘受到损伤，应该切去损伤部，使其成为新伤口。

⑧缝合子宫　第一层用连续康乃尔氏缝合，缝合完毕，用生理盐水冲洗子宫，再转入第二层的连续伦巴特缝合。缝毕，再用生理盐水冲洗子宫壁，清理子宫壁与腹壁切口之间的填塞纱布后，将子宫还纳回腹腔内。

⑨缝合腹壁　拉出胎儿后，腹内压减小了，腹壁切口都比较好闭合，若手术中间因瘤胃臌气使腹内压增大闭合切口十分困难时，应通过瘤胃穿刺放气减压或插胃管瘤胃减压后再闭合腹壁切口。第一层对腹膜腹横肌进行连续缝合，第二层腹直肌连续缝合，第三层结节缝合腹黄筋膜，最后对皮肤及皮下组织进行结节缝合，并做好结系绷带。

（3）术后护理

肌内注射青霉素，静脉注射5%糖盐水。必要时还应注射强心药。保持术部的清洁，防止感染化脓。经常检查病羊全身状况，必要时应施行适当的对症疗法。如果伤口愈合良好，手术10天以后即可拆除缝合线；为了防止创口裂开，最好先拆一针留一针，3～4天后将其余缝线全部拆除。

绵羊的预后比山羊好。手术进行越早，预后越好。

三、胎衣不下

胎儿出生以后，母羊排出胎衣的正常时间在绵羊为3.5（2～

6）小时，山羊为2.5（1～5）小时，如果在分娩后超过14小时胎衣仍不排出，即称为胎衣不下。此病在山羊和绵羊都可发生。

【病　因】

该病多因妊娠母羊饲养管理不当，饲料中缺乏矿物质、维生素，运动不足，体质瘦弱或过度肥胖，胎水过多，怀羔数过多，饮喂失调等，均可造成子宫收缩力量不够，使羔羊胎盘与母体胎盘粘在一起而致发病。此外，子宫炎、胎膜炎，布鲁氏菌病也可引起胎衣不下。发病的直接原因包括2大类。

（1）产后子宫收缩不足　子宫因多胎、胎水过多、胎儿过大及持续排出胎儿而伸张过度；饲料的质量不好，尤其当饲料中缺乏维生素、钙盐及其他矿物质时，容易使子宫发生弛缓；妊娠期（尤其在妊娠后期）中缺乏运动或运动不足，往往会引起子宫弛缓胎衣排出很缓慢；分娩时母羊肥胖，可使子宫复旧不全，因而发生胎衣不下；流产和其他能够降低子宫肌肉和全身张力的因素，都能使子宫收缩不足。

（2）胎儿胎盘和母体胎盘发生愈合　患布鲁氏菌病的母羊常因此而发生胎衣不下，其原因是由于妊娠期中子宫内膜发炎，子宫黏膜肿胀，使绒毛固定在凹穴内，即使子宫有足够的收缩力，也不容易让绒毛从凹穴内脱出来；当胎膜发炎时，绒毛也同时肿胀，因而与子宫黏膜紧密粘连．即使子宫收缩，也不容易脱离。

【症　状】

胎衣可能全部不下，也可能是一部分不下。未脱下的胎衣经常垂吊在阴门之外（图9–5）。病羊拱背，时常努责，有时努责还很剧烈，如果胎衣能在14小时以内全部排出，多半不会发生并发症。但若超过1天，则胎衣会发生腐败，尤其是天气炎热时腐败更快。从胎衣开始腐败起，即因腐败产物引起中毒，而使羊的精神不振，食欲减少，体温升高，呼吸加快，泌乳量降低或泌乳停止，并从阴道中排出恶臭的分泌物。由于胎衣压迫阴道黏膜，可能使其发生坏死。此病往往并发败血症、破伤风或气肿疽，或者造成子宫或阴道的慢性炎症。如果羊只不死，一般在5～10天内，全部胎衣发生腐烂而脱落。山羊对胎衣不下的敏感性比绵羊大。

图 9-5　羊胎衣不下

【诊　断】

病羊常表现拱腰努责，食欲减少或废绝，精神较差，喜卧地，体温升高，呼吸及脉搏增快，胎衣久久滞留不下，可发生腐败，从阴门中流出污红色腐败恶臭的恶露，其中掺杂有灰白色未腐败的胎衣碎片或脉管。当全部胎衣不下时，部分胎衣从阴门中垂露于跗关节部。

胎衣不下的母羊治疗不及时，往往并发子宫内膜炎，子宫颈炎、阴道炎等一系列生殖器官疾病，重者因转为败血症而死亡。产后发情及受胎时间延迟，甚至丧失受胎能力，有的受胎后容易流产，并发瘤胃弛缓，积食及臌胀等疾病。

【预　防】

预防方法主要是加强妊娠母羊的饲养管理：饲料的配合应不使妊娠母羊过肥为原则，每天必须保证适当的运动。

【治　疗】

在产后14小时以内，可待其自行脱落。如果超过14小时，必须采取适当措施，因为这时胎衣已开始腐败，假若再滞留在子宫中，可以引起子宫黏膜的严重发炎，导致暂时的或永久的不孕，有时甚至引起败血症。病羊分娩后胎衣不下不超过24小时的，可应用垂体后叶素注射液，缩宫素注射液或麦角碱注射液0.8～1毫升，一次肌内注射；超过24小时的，应尽早采用以下方法进行治疗，绝不可强拉胎衣，以免扯断而将胎衣留在子宫内。

（1）手术剥离胎衣 先用消毒液洗净外阴部和胎衣，再用鞣酸酒精溶液冲洗和消毒术者手臂，并涂以消毒软膏，以免将病原菌带入子宫。如果手上有小伤口或擦伤，必须预先涂擦碘酊，贴上胶布。用一只手握住胎衣，另一只手送入橡皮管，将0.1%高锰酸钾温溶液注入子宫。手伸入子宫，将绒毛膜从母体子叶上剥离下来。剥离时，由近及远。先用中指和拇指捏挤子叶的蒂，然后设法剥离盖在子叶上的胎膜。为了便于剥离，事先可用手指捏挤子叶。剥离时应当小心，因为子叶受到损伤时可以引起大量出血，并为微生物的进入开放门户，容易造成严重的全身症状。

（2）皮下注射缩宫素 羊的阴门和阴道较小，只有手小的人才能进行胎衣剥离。如果勉强将手伸入子宫，不但不易进行剥离操作，反而有损伤产道的危险，故当手难以伸入时，只有皮下注射缩宫素1～3单位（间隔8～12小时，注射1～3次）。如果配合用温的生理盐水冲洗子宫，效果更好。为了排出子宫中的液体，可以将羊的前肢提起。

（3）及时治疗败血症 如果胎衣长久停留，往往会发生严重的产后败血症。其特征是体温升高，食欲消失，反刍停止。脉搏细而快、呼吸快而浅；皮肤冰凉（尤其是耳朵、乳房和角根处）。喜卧下，对周围环境十分淡漠；从阴门流出污褐色恶臭的液体。遇到这种情况时，应该及早进行治疗。

①肌内注射抗生素，青霉素40万单位，每6～8小时1次，链霉素1克，每12小时1次。

②静脉注射四环素，将四环素50万单位，溶入5%葡萄糖

注射液 100 毫升中注射，每天 2 次。

③用 1%冷食盐水冲洗子宫，排出盐水后将青霉素 40 万单位，链霉素 1 克注入子宫，每天 1 次，直至痊愈。

④ 10%～25%葡萄糖注射液 300 毫升，40%乌洛托品注射液 10 毫升，静脉注射，每天 1～2 次，直至痊愈。

⑤中药可用当归 9 克，白术 6 克，益母草 9 克，桃仁 3 克，红花 6 克，川芎 3 克，陈皮 3 克，共研细末，开水调后灌服。

结合临床表现，及时进行对症治疗，如给予健胃药、缓泻药、强心药等。

四、生产瘫痪

生产瘫痪又称乳热症或低钙血症，是急性而严重的神经疾病。其特征为咽、舌、肠道和四肢发生瘫痪，失去知觉。此病主要见于成年母羊，发生于产前或产后数日内，偶尔见于妊娠的其他时期。山羊和绵羊均可患病，但以山羊比较多见。尤其是在 2～4 胎的某些高产奶山羊，几乎每次分娩以后都重复发病。

【病　因】

舍饲、产奶量高及妊娠末期营养良好的羊只，如果饲料营养过于丰富，都可成为发病的诱因。由于血糖和血钙降低，以致调节过程不能适应，变为低钙状态，而引起发病。

【症　状】

最初症状通常出现于分娩之后，少数的病例，见于妊娠末期和分娩过程。病羊表现为衰弱无力。病初全身抑郁，食量减少，反刍停止，后肢软弱，步态不稳，甚至摇摆。有的绵羊拱背低头，蹒跚走动。由于发生战栗和不能安静休息，呼吸常见加快。这些初期症状维持的时间通常很短，管理人员往往注意不到。此后羊站立不稳，在企图走动时跌倒。有的羊倒后起立很困难。有的不能起立，头向前直伸，不吃，停止排粪和排尿。皮肤对针刺反应很弱。

少数羊知觉完全丧失，发生极明显的麻痹症状；张口伸舌，咽喉麻痹。针刺皮肤无反应。脉搏先慢而弱，以后变快，勉强可以摸到；呼吸深而慢；病的后期常常用嘴呼吸，唾液随着呼气吹出，或从鼻孔流出食物。病羊常呈侧卧姿势，四肢伸直，头弯于胸部，体温逐渐下降，有时降至 36℃；皮肤、耳朵和角根冰凉，很像濒死状态（图 9–6）。

有些病羊往往死于没有明显症状的情况，如有的绵羊在晚上表现健康，而次晨却见死亡。

图 9–6 羊生产瘫痪

【诊　断】

精确的诊断方法是分析血液样品。但由于产程很短，必须根据临床症状的观察进行诊断。乳房通风及注射钙剂效果显著，也可作为本病的诊断依据。

【预　防】

①喂给富含矿物质的饲料。单纯饲喂富含钙质的混合精饲料，似乎没有预防效果，如果同时给予维生素 D，则效果较好。

②产前应保持适当运动但不可运动过度，因为过度疲劳反而容易引起发病。

③药物预防对于习惯性发病的羊，于分娩之后，及早应用下列药物进行预防注射：5%氯化钙注射液 40～60 毫升，25%葡

萄糖注射液 80～100 毫升，10%安钠咖注射液 5 毫升混合，一次静脉注射。

【治　疗】

①静脉或肌内注射 10%葡萄糖酸钙注射液 50～100 毫升，或者应用下列处方：5%氯化钙注射液 60～80 毫升，10%葡萄糖注射液 120～140 毫升，10%安钠咖注射液 5 毫升混合，一次静脉注射。

②乳房送风法：利用乳房送风器送风。没有乳房送风器时，可以用普通打气筒代替。送风步骤如下：使羊稍呈仰卧姿势，挤出少量的乳汁；用酒精棉球擦净乳头，尤其是乳头孔。然后把经煮沸消毒的导管插入乳头中，通过导管打入空气，直到乳房中充满空气为止。用手指叩击乳房皮肤时有鼓响音者，为充满空气的标志。在乳房的两半中都要注入空气；为了避免送入的空气外逸，在取出导管时，应用手指捏紧乳头，并用纱布绷带轻轻地扎住每一个乳头的基部。经过 25～30 分钟将绷带取掉；将空气注入乳房各区以后，小心按摩乳房数分钟。然后使羊四肢蜷曲伏卧，并用草束摩擦臀部、腰部和胸部，最后盖上麻袋或布块保温；注入空气以后，可根据情况考虑注射 50%葡萄糖注射液 100 毫升；如果注入空气后 6 小时情况并不改善，应重复做乳房送风。

五、卵巢囊肿

卵巢囊肿是指卵巢上有卵泡状结构，存在的时间在 10 天以上，同时卵巢上无正常黄体结构的一种病理状态。这种疾病一般又分为卵泡囊肿和黄体囊肿两种。

【症　状】

羊发生卵巢囊肿的症状按外部表现可分为慕雄狂和乏情 2 类。慕雄狂母羊，一般经常表现无规律的、长时间或连续性的发情征状，表现不安；乏情的羊表现则为长时间不出现发情征状，有时可长达数月，因此常被误认为是已经妊娠。有些在表现一两次正常的发情后转为乏情；有些则在病的初期乏情，后期表现为慕雄狂；也有些患卵巢囊肿的先表现慕雄狂的症状，而后转为乏情。

【治　疗】

卵巢囊肿的治疗方法种类繁多，其中大多数是通过直接引起黄体化而使母羊恢复发情周期。但应注意，此病是可以自愈的，具有促黄体素生物活性的各种激素制剂已被广泛用于治疗卵巢囊肿。

（1）改变日粮结构　饲料中补充维生素 A。

（2）激素疗法

①肌内或皮下注射绒毛膜促性腺激素或促黄体素（促黄体素）500～1 000 单位。

②注射促排卵 3 号（LRH-A3）4～6 毫克，促使卵泡囊肿黄体化。然后皮下或肌内注射前列腺素溶解黄体，即可恢复发情周期。

③肌内注射孕酮 5～10 毫克，每天 1 次，连用 5～7 天，效果良好。孕酮除了能抑制发情外，还可以通过负反馈作用抑制丘脑下部促性腺激素释放激素的分泌，内源性地使性兴奋及慕雄狂症状消失。

④可用前列腺素或其类似物进行治疗，促进黄体尽快萎缩消退，从而诱导发情。

⑤人工诱导泌乳。此法对乳用山羊是一种最为经济的办法。

六、子宫内膜炎

羊子宫内膜炎主要是由某些病原微生物传染而发生，可能成为严重的流行病。

【病　因】

造成羊子宫内膜炎的主要是繁殖管理不当，常见的原因如下：

①配种时消毒不严，基层配种站和个体种羊户，在本交配种时对种公羊的阴茎和母羊外阴部不清洗、不消毒或清洗消毒不严；人工授精时对所用器械消毒不严格，或用同一支输精管，不经消毒而给多头母羊输精。

②分娩时造成子宫阴道黏膜损伤和感染，农村母羊产羔多无产房，又无清洗母羊后躯的习惯，加上一些助产人员接产时不注意清洗消毒手臂和工具，母羊分娩时阴道外露受到污染，或将粪渣、草屑、灰尘黏附于阴道壁上，分娩后阴道内收，将污物带进体内，有时甚至子宫外翻受污，也不进行清洗消毒，致使子宫、阴道受到感染。

③进行人工授精时，技术不熟练和操作时间过长，刺伤母羊的子宫颈，造成多处子宫颈炎和子宫颈糜烂，继而引发子宫内膜炎。

④对患有子宫、阴道疾病的母羊，不经过检查，即让健康种公羊与其交配，后让这只公羊与健康母羊交配，造成生殖道疾病的进一步散播。

⑤流产、胎死腹中腐败、阴道或子宫脱出，胎衣不下，子宫损伤，子宫复旧不全及子宫颈炎，未能及时治疗和处理，因而继发和并发子宫、阴道疾病。

⑥饮用污水感染。常给母羊饮用池塘、污水坑等污染的水。

⑦冲洗子宫时使用的消毒性或腐蚀性药液浓度过大，使阴道及子宫黏膜受到损伤。

⑧某些传染病如布鲁氏菌病、寄生虫病也可引起子宫疾病。

【症　状】

根据症状可将子宫内膜炎分为急性子宫内膜炎、慢性卡他性子宫内膜炎、慢性卡他脓性子宫内膜炎、慢性脓性子宫内膜炎、慢性隐性子宫内膜炎、子宫积液和子宫蓄脓。

（1）**急性子宫内膜炎** 急性子宫内膜炎多因羊分娩过程中，接产人员手臂、助产器具和母羊外阴部未进行消毒或消毒不严格而被细菌感染，尤其是在难产、子宫或阴道脱出、胎衣不下时发生较多。母羊全身症状表现不明显，有时体温稍有升高，食欲减退，拱背努责，常做排尿姿势。产后几日内不断从阴门排出大量白色、灰白色、黄色或茶褐色的恶臭脓液。如胎衣滞留或子宫内有腐败时，常排出带脓血、腐臭味的巧克力色分泌物。当母羊卧下时排出更多，常在其尾根及后肢关节处结痂。阴道检查时有疼痛感。

（2）**慢性卡他性子宫内膜炎** 母羊患慢性卡他性子宫内膜炎时，子宫黏膜松软增厚，一般无全身症状，发情周期正常，但屡配不孕。阴道检查时，子宫颈口开张，子宫颈黏膜松弛、充血；阴道黏膜充血或无变化；由阴道流出白色、灰白色或浅黄色的黏稠渗出物，发情时阴道流出的渗出液明显增多，且较稀薄不透明；输精或阴道检查时，可经输精管或开膣器流出大量稀薄的黏液。

（3）**慢性卡他脓性子宫内膜炎** 临床较为多见，其症状与慢性卡他性子宫内膜炎相似，子宫黏膜肿胀，剧烈充血和瘀血，有脓性浸润，上皮组织变性、坏死、脱落，有时子宫黏膜有成片肉芽组织瘢痕，可能形成囊肿。病羊出现全身症状，精神不振，体温升高，食欲减退，逐渐消瘦。阴道检查时，可发现阴道及子宫颈部充血、肿胀，黏膜上有脓性分泌物。

（4）**慢性脓性子宫内膜炎** 经常由阴道排出灰白色、黄白色或褐色浑浊黏稠的脓液，带有腥臭气味，发情时排出更多。尾根、阴门周围及后腿内侧被污染处，长时间后变成灰黄色发亮的脓痂。发情周期紊乱。夏、秋季常有苍蝇随患病羊飞行或爬在阴门、尾巴上。多数母羊出观体温升高、食欲减退、逐渐消瘦等全身症状。

（5）**慢性隐性子宫内膜炎** 子宫本身不发生形态学上的变化，平时很难从外部发现其任何症状，一般也无病理变化。发情周期正常，但屡配不孕。取阴道深部分泌物，用广范试纸进行试验，如精液浸湿的试纸 pH 值在 7.0 以下，怀疑为隐性子宫内膜炎。慢性隐性子宫内膜炎虽无明显的临床症状，但在子宫内膜炎中占比例相当高，因其无明显症状，常不被人注意。

（6）**子宫积液**　子宫积液是因为变性的子宫腺体分泌功能增强，分泌物增多；同时，子宫颈粘连或肿胀，使子宫颈受到堵塞，使子宫内的液体不能排出。有时是因每次发情时，分泌物不能及时排出，逐渐积聚起来而形成的；也有的是因子宫弛缓，收缩无力，发情时分泌的黏液滞留而造成的。病羊往往表现不发情，当子宫颈未完全阻塞时，会从阴道不定时排出稀薄的棕黄色或蛋白样分泌物。如子宫颈口完全阻塞，则见不到分泌物外流。

（7）**子宫蓄脓**　当患有慢性脓性子宫内膜炎时，子宫黏膜肿胀，子宫颈管闭塞，或子宫颈粘连而形成隔膜，脓液不能排出而在子宫内蓄留，于是就形成了子宫蓄脓。母羊停止发情，举尾，不断弓腰努责。阴道检查时，可发现阴道和子宫颈阴道部黏膜充血。

【预　防】

子宫内膜炎的预防应从饲养管理着手，进行全面预防。

①加强饲养管理，防止发生流产、难产、胎衣不下和子宫脱出等疾病。

②预防和扑灭引起流产的传染性疾病。

③加强产羔季节接产、助产过程的卫生消毒工作，防止子宫受到感染。

④抓紧治疗子宫脱出、胎衣不下及阴道炎等疾病。

【治　疗】

严格隔离病羊，不可与分娩的羊同群喂管；加强护理，保持羊舍的温暖清洁，饲喂富于营养而带有轻泻性的饲料，经常供给清水。

及时治疗急性子宫内膜炎，全身注射青霉素或链霉素，防止转为慢性。

冲洗或灌注子宫，可用0.1%高锰酸钾溶液100～200毫升、1%～2%碳酸氢钠溶液、1%盐水冲洗子宫，每天1次或隔日1次。子宫内有较多分泌物时，盐水浓度可提高到3%。促进炎性产物的排出，防止吸收中毒。并可刺激子宫内膜产生前列腺素，有利于子宫功能的恢复。如果子宫颈口关闭很紧，不能冲洗，可给子宫颈涂以2%碘酊，使其松弛。冲洗后灌注青霉素40万单位。子宫内给予抗菌药，选用广谱药物，如四环素、庆大霉素、卡那霉素、金霉素、诺氟沙星、氟苯尼考等。可将抗菌药物0.5～1克用少量生理盐水溶解，做成溶液或混悬液，用导管注入子宫，每天2次。激素疗法，可用前列腺素类似物，促进炎症产物的排出和子宫功能的恢复。子宫内有积液时，可注射雌二醇2～4毫克，4～6小时后注射缩宫素10～20单位，促进炎症产物排出，配合应用抗生素治疗、可收到较好的疗效。生物疗法（生物防治疗法），用人阴道中的窦得来因氏杆菌治疗母牛子宫内膜炎，对羊的子宫内膜炎同样可以应用。

中药疗法处方如下。

处方一：当归、红花、金银花各30克，益母草、淫羊藿各45克，苦参、黄芩各30克，三棱、莪术各30克，斑蝥7个，青皮30克。水煎灌服，每天1剂；轻者连用3～5剂，重者5～7剂。适用于膘情较好的母羊各种子宫内膜炎。

处方二：土白术60克，苍术50克，山药60克，陈皮30克，酒车前子25克，荆芥炭25克，酒白芍30克，党参60克，柴胡25克，甘草20克。黄油250毫升为引；水煎服，每天1剂，连用2～3剂。

加减：湿热型去党参，加忍冬藤80克，蒲公英60克，椿白皮60克；寒湿型加白芷30克，艾叶20克，附子30克，肉桂25克；白带日久兼有肾虚者去柴胡、车前子，加韭菜子20克，海螵蛸40克，覆盆子50克及菟丝子50克。

急慢性阴道炎、子宫颈炎和急慢性传他性子宫内膜炎可用此方。

处方三：当归60克，赤芍40克，香附40克，益母草60克，丹参40克，桃仁40克，青皮30克。水煎灌服。每天1剂，连用2～3剂。

加减：肾虚者加桑寄生40克，川续断40克，或加狗脊40克，杜仲30克；白带多者加茯苓40克，海螵蛸40克，或加车前子30克，白芷25克；卵巢有囊肿或黄体者加三棱25克，莪术25克；有寒证者加小茴香30克，乌药40克；体质弱者加党参60克，黄芩60克。

慢性卡他性脓性和慢性脓性子宫内膜炎可用此方。

处方四：当归40克，川芎30克，白芍30克，熟地黄30克，红花40克，桃仁30克，苍术40克，茯苓40克，延胡索30克，白术40克，甘草20克。水煎服，每日1剂，连用1～2剂。

慢性子宫内膜炎已基本治愈，但子宫冲洗导出液中仍含有点状或细丝状物时可用此方。

七、乳腺炎

母羊患乳腺炎，常由于哺乳前期及泌乳期，没有对乳头做好清洗消毒工作，或因羊羔吮乳时损伤了乳头及乳头孔堵塞，乳汁淤结而变质，细菌便由乳头上的小伤口通过乳腺管侵入乳腺小叶，或经过淋巴侵入乳腺小叶的间隙组织而造成急性炎症。

【病　因】

本病多因挤奶方法不妥而损伤乳头、乳腺，放牧、舍饲时划破乳房皮肤，病菌通过乳孔或伤口感染；母羊护理不当、环境卫生不良给病菌侵入乳房创造了条件。病菌主要有葡萄球菌、链球菌和肠道杆菌等。某些传染病如口蹄疫、放线菌病也可引起乳腺炎。本病以产奶量高和经产的舍饲羊多发。

【症　状】

患侧乳房疼痛，发炎部位红肿变硬并有压痛，乳汁色黄甚至血性，以后形成脓肿，时间越久则乳腺小叶的损坏就越多。贻误治疗的乳房脓肿，最后穿破皮肤而流脓，创口经久不愈，导致母羊终身失去泌乳能力（图 9–7、图 9–8）。

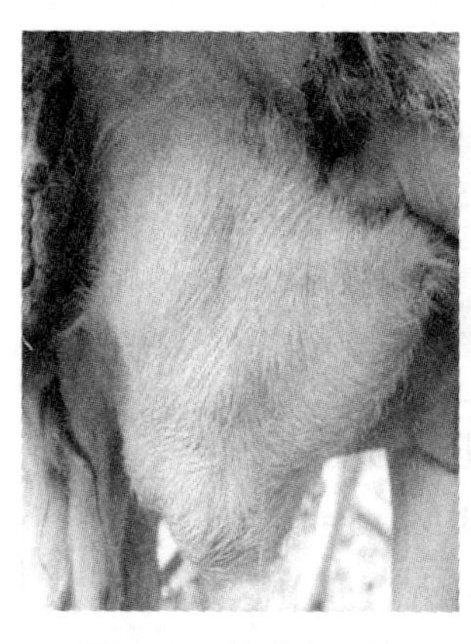

图 9–7　羊乳房硬块

图 9–8　羊乳房肿胀

【治　疗】

病初向乳房内注入抗生素效果好，在挤奶后把经消毒的乳导管轻插进乳头孔内，用青霉素 40 万单位、链霉素 0.5 克，溶于 5 毫升注射用水中注入。注后轻揉乳房腺体部，使药液均匀分布其中。也可采用青霉素普鲁卡因注射液封闭疗法，在乳房基部多点注入药液，进行封闭治疗。为促进炎症吸收，先冷敷 2～3 天，然后进行热敷，可用 10%硫酸镁溶液 1 000 毫升，加热至 45℃左右，每天热敷 1～2 次，连用 4 次。对于化脓性乳腺炎，应排脓后再用 3%过氧化氢溶液或 0.1%高锰酸钾水冲洗，消毒脓腔，再以 0.1%～0.2%雷佛奴尔纱布引流。同时，以抗生素做全身治疗。

【防　治】

（1）注意保持乳房的清洁卫生　母羊哺乳及泌乳期，乳房充胀，加上产羔7～15天内阴道常有恶露排出，极容易感染疾病。因此，应特别注意保持乳房的清洁卫生，经常用肥皂水和温清水擦洗乳房，保持乳头和乳晕的皮肤清洁柔韧，羊圈舍要勤换垫土并经常打扫，保持圈舍地面清洁干燥，防止羊躺卧在污泥和粪尿上。羊羔吮乳损伤了乳头，暂停哺乳2～3天，可将乳汁挤出后喂羊羔，局部贴创可贴或涂紫药水，能迅速治愈。

（2）坚持按摩乳房　在母羊哺乳及泌乳期，每日轻揉按摩乳房1～2次，随即挤出挤净乳头孔及乳房淤汁，激活乳腺产乳和排乳的新陈代谢过程，消除隐性乳腺炎的隐患。

（3）增加挤奶次数　羊患乳腺炎与每日挤奶次数少、乳房乳汁聚集滞留时间长、造成乳房内压及负荷量加重密切相关。因此，改变传统的每日挤奶1次为2～3次，这样既可提高2%～3%产奶量，又减轻了乳房的内压及负荷量，可有效防止乳汁凝结引发乳腺炎。

（4）及时做好羊舍的防暑降温工作　夏季炎热，羊常因舍内通风不良中暑热应激引发乳房炎等疾病。因此，要及时搭盖宽敞、隔热通风的凉棚，保持圈舍通风凉爽，中午高温时要喷洒凉水降温。供给羊充足清洁的饮水，并加入适量食盐，以补充体液，增加羊体排泄量，有利于清解内热，降低血液及乳汁的黏稠度。经常给羊挑喂蒲公英、紫花地丁、薄荷等清凉草药，可清热泻火，凉血解毒，防治乳腺炎。

（5）时常检查乳房的健康状况　发现乳汁色黄，乳房有结块，即可采取以下治疗措施：

①患部敷药　用50℃的热水，将毛巾蘸湿，上面撒适量硫酸镁粉，外敷患部。也可用鱼石脂软膏或中药芒硝200克，调水外敷，可渗透软化皮下细胞组织，活血化瘀，消肿散结。

②通乳散结　羊患乳腺炎，乳腺肿胀，乳汁黏稠淤结很难挤出，可在局部外敷的同时，采取以下措施散淤通乳：给羊多饮0.02%高锰酸钾溶液水，可稀释乳汁的黏稠度，使乳汁变稀，易

于挤出，并能消毒防腐，净化乳腺组织。注射“垂体后叶素”10单位。增加挤奶次数，急性期每小时挤奶1次，最多不超过2小时，可边挤边由下而上地按摩乳房，用手指不断地揉捏夹乳房凝块处，直至挤净淤汁，肿块消失。

挤净乳房淤汁后，将青霉素80万单位，用生理盐水5毫升稀释后，从乳头孔注入乳房内，杀灭致病细菌。

为增加疗效，抗生素应联合2种以上药品。青霉素与氨苄西林联合注射，青霉素一次160万单位，氨苄西林一次1克，用0.2%利多卡因注射液5毫升稀释后，内加地塞米松10毫克，每日2～3次，连续注射，直到痊愈。

八、腐蹄病

【病　原】

病原为坏死杆菌，属于厌氧菌，广泛存在于土壤和粪便中，低湿条件适于其生存。抵抗力较弱、一般消毒药10～20分钟即可将其杀死。

【传染途径】

细菌多通过损伤的皮肤侵入机体。常发于湿热的多雨季节。

【症　状】

主要表现为跛行。检查蹄部时见蹄间隙、蹄踵和蹄冠红肿、发热，有疼痛反应，以后溃烂，挤压有恶臭脓液流出。

【诊　断】

一般根据临床症状（发生部位、坏死组织的恶臭味）和流行特点，即可做出诊断。

【预　防】

加强羊蹄护理，经常修蹄，以免蹄伤；注意夏季圈舍卫生，定期消毒；定期用10%甲醛溶液蹄浴。

【治 疗】

除去患部坏死组织，到出现干净创面时，用食醋、4%醋酸、1%高锰酸钾、3%来苏儿或3%过氧化氢溶液冲洗，再用30%硫酸铜或10%甲醛进行蹄浴。若脓肿部分未破，应切开排脓，然后用1%高锰酸钾溶液洗涤，再涂擦浓甲醛或撒以高锰酸钾粉。对于严重的病羊，在局部用药的同时，应全身使用磺胺类药物或抗生素。

九、感 冒

【病 因】

本病主要是由于对羊只管理不当，因寒冷的突然袭击所致。如厩舍条件差，羊只在寒冷的天气突然外出放牧或露宿，或出汗后拴在潮湿阴凉有过堂风的地方等。病羊精神不振，头低耳耷，初期皮温不均，耳尖、鼻端和四肢末端发凉，继而体温升高，呼吸、脉搏加快。鼻黏膜充血、肿胀，鼻塞不通，初流清鼻，患羊鼻黏膜发痒，不断喷鼻，并在墙壁、饲槽擦鼻蹭痒。食欲减退或废绝，反刍减少或停止，鼻镜干燥，肠音不整或减弱，粪便干燥。

【治 疗】

治疗以解热镇痛、祛风散寒为主。方法如下：

①肌内注射复方氨基比林注射液5～10毫升，或30%安乃近注射液5～10毫升，或复方奎宁、百尔定、穿心莲、柴胡、鱼腥草等注射液。

②为防止继发感染，可与抗生素药物同时应用。复方氨基比林注射液10毫升、青霉素160万单位、硫酸链霉素50万单位，加蒸馏水10毫升，分别肌内注射，每日2次。当病情严重时，也可静脉注射青霉素160万单位×4支，同时配以皮质激素类药物，如地塞米松等治疗。

③感冒通2片，每日3次内服。

十、绵羊妊娠毒血症

绵羊妊娠毒血症是妊娠末期母羊由于碳水化合物和挥发性脂肪酸代谢障碍而发生的亚急性代谢病，以低血糖、酮血症、酮尿症、虚弱和失明为主要特征，主要发生于怀双羔或三羔的羊。在5～6岁的绵羊比较多见，主要临床表现为精神沉郁，食欲减退，运动失调、呆滞凝视、卧地不起，甚至昏迷、死亡等症状，给养羊户造成一定经济损失，该病主要发生于妊娠最后1个月，分娩前10～20天多发，发病后1天内即可死亡，死亡率可达70%～100%。

【病　因】

多种情况均能引起此病的发生。

（1）**营养**　营养不足的羊患病的占多数。营养丰富的羊也可以患病，但一般在症状出现以前，体重有减轻现象，胎儿消耗大量营养物质，不能按比例增加营养。饲养管理不善，造成饲料单一，维生素及矿物质缺乏。冬草贮备不足，母羊因饥饿而造成身体消瘦。妊娠母羊因患其他疾病，影响到食欲废绝。由于喂给精饲料过多，特别是在缺乏粗饲料的情况下饲喂给含蛋白质和脂肪过多的精饲料时，更容易发病。

（2）**环境**　气温过低，母羊免疫力下降等等原因都可以导致该病发生。天气不好，舍饲多而运动不足。经常发生于小群绵羊，草原上放牧的大群羊不发病。

【症　状】

由于血糖降低，表现脑抑制状态，很像生产瘫痪的症状。病初见于离群孤立。当放牧或运动时常落于群后。表现为食欲减退，不喜走动，精神不振，离群木立或卧地不起，呼出气体有丙酮味。出现神经症状，特别迟钝或易于兴奋（图9-9）。

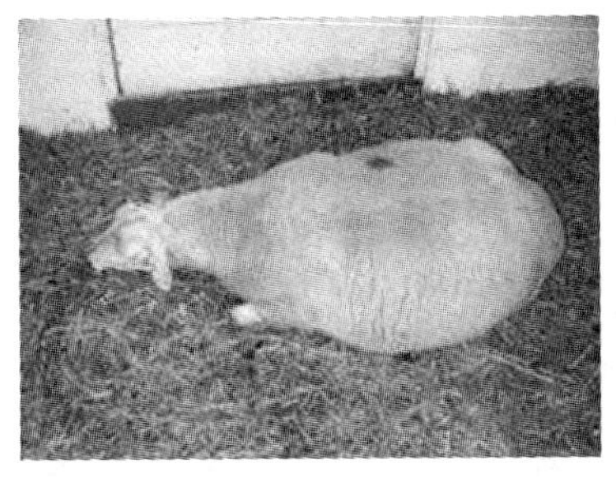

图 9–9　绵羊妊娠毒血症

【病理变化】

尸体非常消瘦，剖检时没有显著变化。病死的母羊，子宫内常有数个胎儿，肾脏灰白而软。主要变化为肝、肾及肾上腺脂肪变性。心脏扩张。肝脏高度肿大，边缘钝，质脆，由于脂肪浸润的，肝脏常变厚而呈土黄色或柠檬黄色，切面稍外翻，胆囊肿大，充积胆汁，胆汁为黄绿色水样。肾脏肿大，包膜极易剥离，切面外翻，皮质部为棕土黄色，满布小红点（扩张肾小体），髓质部为棕红色，有放射状红色条纹。肾上腺肿大，皮质部质脆，呈土黄色，髓质部为紫红色。

【诊　断】

首先应了解绵羊的饲养管理条件及是否妊娠，再根据特殊的临床症状和剖检变化做出初步诊断。根据实验室检查血、尿、奶中的酮体、丙酮酸、血糖和血蛋白结果来确诊。

实验室检查时，血、尿、奶中的酮体和丙酮酸增高，以及血糖和血蛋白降低。

血中酮体增高至 7.25～8.70 毫摩 / 升或更高（高酮血症）；血糖降低到 1.74～2.75 毫摩 / 升（低糖血症），而正常值为 3.36～5.04 毫摩 / 升。病羊血液蛋白水平下降到 4.65 克 / 升（血蛋白过少症）。呼出的气体有一种带甜的氯仿气味，当把新鲜奶或尿加热到蒸汽形成时，氯仿气味更为明显。

【预　防】

加强饲养管理，合理地配合日粮，尽量防止日粮成分的突然变化。在妊娠的前 2～3 个月内，不要让其体重增加太多。2～3 个月以后，可逐渐增加营养。直到产羔以前，都应保持良好的饲养条件。如果没有青贮饲料和放牧地，应尽量争取喂给豆科干草。在妊娠的最后 1～2 个月，应喂给精饲料。喂量根据体况而定，从产前 2 个月开始，每天喂给 100～150 克，以后逐渐增加，到分娩之前达到 0.5～1 千克 / 天。肥羊应该减少喂料。

在妊娠期内不要突然改变饲养习惯。饲养必须有规律，尤其是在妊娠后期，当天气突然变化时更要注意。一定要保证运动。每天应进行放牧或运动 2 小时左右，至少应驱赶运动 250 米左右。当羊群中已出现发病情况时，应给妊娠母羊普遍补喂多汁饲料、小米米汤、糖浆及多纤维的粗草，并供给足量饮水。必要时还可加喂少量葡萄糖。

【治　疗】

绵羊妊娠毒血症发病较急，征兆不明显，死亡率高，冬、春季节母羊分娩时期是该病的高发期，该病发病原因复杂，治疗效果不佳，无特效药，建议养殖期间，加强饲养管理，增强营养，平衡营养水平，使用暖圈饲养技术，以提高妊娠母羊免疫力。

首先给予饲养性治疗，停喂富含蛋白质及脂肪的精饲料，增加碳水化合物饲料，如青草、块根及优质干草等。

加强运动对于肥胖的母羊，在病的初期做驱赶运动，使身体变瘦，可以见效。

饮水中加入蔗糖、葡萄糖或糖浆，每天重复饮用，连给 4～5 天，可使羊逐渐恢复健康。水中加糖的浓度可按 20%～30% 计算。

为了见效快，可以静脉注射 20%～50% 葡萄糖注射液，每天 2 次，每次 80～100 毫升。只要肝、肾没有发生严重的结构变化，用高糖疗法都是有效的。

克服酸中毒可以给予碳酸氢钠，口服、灌肠或静脉注射。

服用甘油，根据体重不同，每次用20～30毫升，直到痊愈。一般服用1～2次就可获得显著效果。

注射可的松或促皮质素，剂量及用法如下：醋酸可的松或氢化可的松为10～20毫克。前者肌内注射，后者静脉注射（用前混入25倍的5%葡萄糖注射液或生理盐水中）。也可肌内注射促皮质素40单位。

人工流产因妊娠末期的病例，分娩以后往往可以自然恢复健康，故人工流产同样有效。方法是用开膣器插入阴道，给子宫颈口或阴道前部放置纱布块。也可施行剖宫产术。

十一、公羊睾丸炎

主要是由损伤和感染引起的各种急性和慢性睾丸炎症。

【病　因】

（1）**由损伤引起感染**　常见损伤为打击、啃咬、蹴踢、尖锐硬物刺伤和撕裂伤等，继之由葡萄球菌、链球菌和化脓棒状杆菌等引起感染，多见于一侧，外伤引起的睾丸炎常并发睾丸周围炎。

（2）**血行感染**　某些全身感染如布鲁氏菌病、结核病、放线菌病、鼻疽、腺疫、沙门氏菌病、乙型脑炎等可通过血行感染引起睾丸炎症。另外，衣原体、支原体、脲原体和某些疱疹病毒也可以经血流引起睾丸感染。在布鲁氏菌病流行地区，布鲁氏菌感染可能是睾丸炎最主要的原因。

（3）**炎症蔓延**　睾丸附近组织或鞘膜炎症蔓延；副性腺细菌感染沿输精管道蔓延均可引起睾丸炎症。附睾和睾丸紧密相连，常同时感染和互相继发感染。

【症　状】

（1）**急性睾丸炎**　睾丸肿大、发热、疼痛；阴囊发亮；公羊站立时拱背、后肢广踏、步态强拘，拒绝爬跨；触诊可发现睾丸紧张、鞘膜腔内有积液、精索变粗，有压痛。病情严重者体温升高、呼吸浅表、脉博频数、精神沉郁、食欲减少。并发化脓感染者，局部和全身症状加剧。在个别病例，脓汁可沿鞘膜管上行入腹腔，引起弥漫性化脓性腹膜炎。

（2）慢性睾丸炎 睾丸不表现明显热痛症状，睾丸组织纤维变性、弹性消失、硬化、变小，产生精子的能力逐渐降低或消失（图 9–10）。

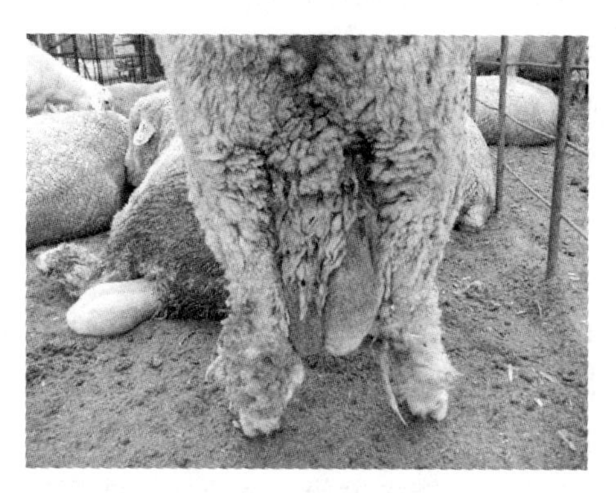

图 9–10 公羊睾丸炎

【病理变化】

炎症引起的体温增加和局部组织温度增高及病原微生物释放的毒素和组织分解产物都可以造成生精上皮的直接损伤。

【预 防】

①建立合理的饲养管理制度，使公羊营养适当，不要交配过度，尤其要保证足够的运动。

②对布鲁氏菌病定期检疫，并采取检疫规定的相应措施。

【治 疗】

急性睾丸炎病羊应停止使用，安静休息；早期（24 小时内）可冷敷，后期可温敷，加强血液循环使炎症渗出物消散；局部涂搽鱼石脂软膏、复方醋酸铅散；阴囊可用绷带吊起；全身使用抗生素药物；局部可在精索区注射盐酸普鲁卡因青霉素注射液（2%盐酸普鲁卡因注射液 20 毫升，青霉素 80 万单位），隔日注射 1 次。

无种用价值者可去势。单侧睾丸感染而欲保留作种用者，可考虑尽早将患侧睾丸摘除；已形成脓肿摘除有困难者，可从阴囊底部切开排脓。

由传染病引起的睾丸炎，应首先考虑治疗原发病。

睾丸炎预后视炎症严重程度和病程长短而定。急性炎症病例由于高温和压力的影响可使生精上皮变性，长期炎症可使生精上皮的变性不可逆转，睾丸实质可能坏死、化脓。转为慢性经过者，睾丸常呈纤维变性、萎缩、硬化，生育力降低或丧失。

十二、尿结石

多见于公羔的一种代谢性疾病，起因常为日粮高磷，钙磷比近似 1∶1。早期症状有不排尿、腹痛、不安、紧张、踢腹、多有排尿姿势，起卧不停、甩尾、离群、拒食。病程 5～7 天或更长。

【病　因】

①高钙、低磷和富硅、富磷的饲料。长期饲喂高钙低磷的饲料和饮水，可促进尿石形成。长期饲喂豆饼的辽宁绒山羊，极易形成磷酸盐尿结石。

②饮水缺乏。尿石的形成与机体脱水有关。因此，饮水不足是尿石形成的重要因素，如天气炎热，饮水不足，机体出现不同程度的脱水，使尿中盐类浓度增高，可促使尿石的形成。

③维生素 A 缺乏。维生素 A 缺乏可导致尿路上皮组织角化，促进尿石形成。

④感染因素。肾和尿路感染发炎时，炎性产物，脱落的上皮细胞及细菌积聚，可成为尿石形成的核心物质。

⑤其他因素。甲状旁腺功能亢进，长期周期性尿液潴留，大

量应用磺胺类药物等均可促进尿石的形成。

【症　状】

排尿困难，频频做排尿姿势，叉腿，拱背，缩腹，举尾，阴门抽动，努责，咩叫，线状或点滴状排出混有脓汁和血凝块的红色尿液。

当结石阻塞尿路时，病羊排出的尿流变细或无尿排出而发生尿潴留。因阻塞部位和阻塞程度不同，其临床症状也有一定差异。

结石位于肾盂时，多呈肾盂肾炎症状，有血尿。阻塞严重时，有肾盂积水，病羊肾区疼痛，运步强拘，步态紧张。当结石移行至输尿管并发生阻塞时，病羊腹痛剧烈。直肠内触诊，可触摸到其阻塞部的近肾端的输尿管显著紧张而且膨胀。

膀胱结石时，可出现疼痛性尿频，排尿时病羊呻吟，腹壁抽缩。尿道结石，当尿道不完全阻塞时，病羊排尿痛苦且排尿时间延长，尿液呈滴状或线状流出，有时有血尿。当尿道完全被阻塞时，则出现尿闭或肾性腹痛现象，病羊频频举尾，屡做排尿动作但无尿排出。尿路探诊可触及尿石所在部位，尿道外部触诊，病羊有疼痛感。直肠内触诊时，膀胱内尿液充满，体积增大。若长期尿闭，可引起尿毒症或发生膀胱破裂。在结石未引起刺激和阻塞作用时，常不显现任何临床症状。

【病理变化】

可在肾盂、输尿管、膀胱或尿道内发现结石，其大小不一，数量不等，有时附着黏膜上。阻塞部黏膜见有损伤，炎症，出血乃至溃疡。当尿道破裂时，其周围组织出血和坏死，并且皮下组织被尿液浸润。在膀胱破裂的病例中，腹腔充满尿液（图 9–11）。

【诊　断】

根据不安、踢腹、后肢踏地、多有排尿姿势等症状可确认。

【防　治】

停食 24 小时，口服氯化铵，活重 30 千克的羔羊每只每天

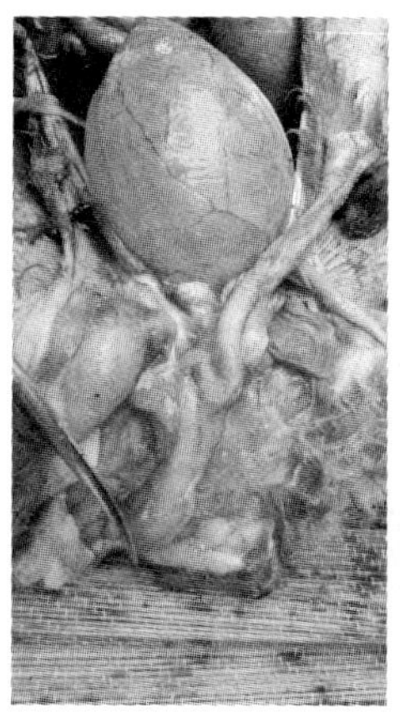

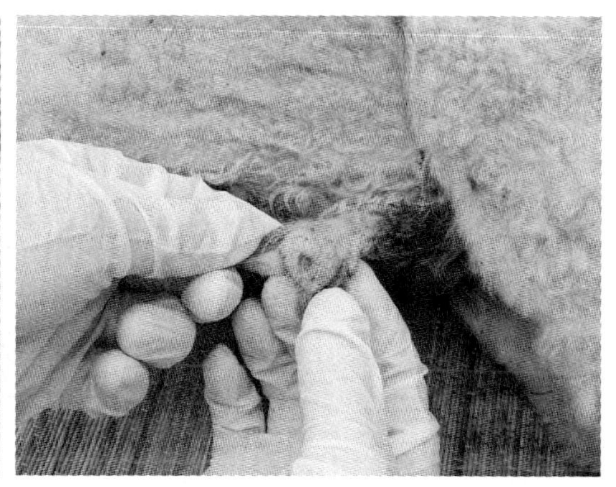

图 9–11　公羊尿结石

7～10 克，连服 7 天，必要时适当延长。

日常饲养时注意：①配合日粮遵循 2∶1 的钙磷比。②食盐用量加大为 1%～4%，刺激羔羊多饮水，减少结石的生成。③饮用足够的温水。④补给占精饲料 2% 的氯化铵，可以预防尿结石的生成，但有咳嗽多的副作用，有时可引发直肠脱出。⑤日粮中加入足量的维生素 A。

应查清动物的饲料、饮水和尿石成分，找出尿石形成的原因，合理调配饲料，使饲料中的钙磷比例保持在 1.2∶1 或者 1.5∶1 的水平，并注意饲喂富含维生素 A 的饲料。平时应适当增喂多汁饲料或增加饮水，以稀释尿液，减少对泌尿器官的刺激，并保持尿中胶体与晶体的平衡。在育肥羔羊的日粮中加入 4% 的氯化铵对尿石的发病有一定的预防作用；同样，在饲料中补充氯化铵，对预防磷酸盐结石有令人满意的效果。

参考文献

[1] 权凯. 肉羊标准化生产技术 [M]. 北京：金盾出版社，2011.

[2] 赵兴绪. 兽医产科学（第四版）[M]. 北京：中国农业出版社，2010.

[3] 权凯. 农区肉羊场规划和建设 [M]. 北京：金盾出版社，2010.

[4] 王建辰，曹光荣. 羊病学 [M]. 北京：中国农业出版社，2002.

[5] 权凯. 牛羊人工授精技术图解 [M]. 北京：金盾出版社，2009.

[6] 张英杰. 羊生产学 [M]. 北京：中国农业大学出版社，2010.

[7] 权凯. 羊繁殖障碍病防治关键技术 [M]. 郑州：中原农民出版社，2007.

[8] 赵有璋. 羊生产学 [M]. 北京：中国农业出版社，2002.

[9] 中华人民共和国传染病防治法. 2004.

[10] 国家中长期动物疫病防治规划（2012—2020）.

[11] 中华人民共和国动物防疫法. 2008.